Calculations in
Chemical Engineering
Processes : Short Course

화학공정계산 요약

류근갑 지음

UUP

Calculations in Chemical Engineering
Processes : Short Course
화학공정계산 요약

■
2012년 04월 12일 **초판 인쇄**
2012년 04월 18일 **초판 발행**

- **지은이** 류근갑
- **펴낸이** 이철
- **펴낸곳** **UUP.**(울산대학교출판부) 680-749 울산광역시 남구 대학로 93(무거동) 울산대학교 출판부
- **전화** (052)259-2488 **팩스** (052)277-3011
- **홈페이지** http://uup.ulsan.ac.kr
- **출판등록** 제370-1996-000001호(1996.3.13)
- ₩ 11,000

■
「이 도서의 국립중앙도서관 출판시도서목록(CIP)은 e-CIP홈페이지(http://www.nl.go.kr/ecip)와 국가자료공동목록시스템(http://www.nl.go.kr/kolisnet)에서 이용하실 수 있습니다.(CIP제어번호: CIP2012001704)」

ISBN 978.89.7868.278.7 (93570)

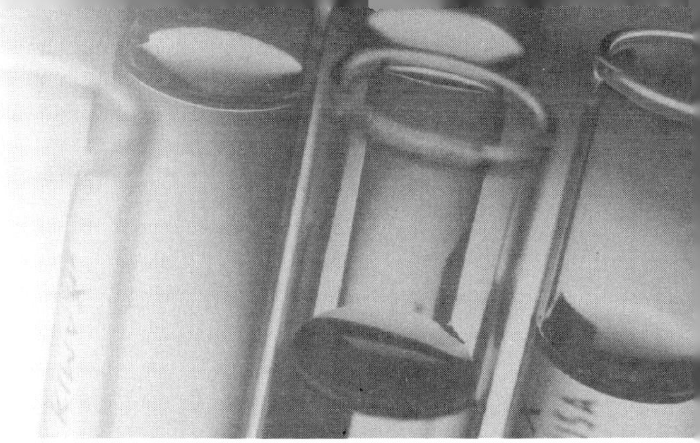

머리말

화학공정계산 또는 화공양론이라고 불리는 교과목은 화학공학분야의 학과에서 본격적으로 전공 공부를 시작하는 초기에 대표적으로 배우게 된다. 10여 년간 대학에서 이 교과목을 가르치면서 주로 외국의 교과서를 사용하였는데 학생들이 공부하는데 많은 어려움을 느끼고 있었다. 학생들이 느끼는 어려움은 첫째 아직 다른 전공교과목을 충분히 배우지 않은 상태에서 다양한 화학공정이 소개되므로 각각의 공정에 대한 이해가 부족한데서 오는 것이고, 둘째는 계산 위주의 수많은 예제를 다루게 됨으로서 교과목을 공부하기위해서 많은 시간이 걸리며 핵심내용을 파악하기 어렵다는 점이다. 본 저서에서는 학생들이 화학공정계산 계열의 교과목을 수강하는데 도움이 되도록 화학공정계산 교과목의 기본 목적과 개념들을 쉽게 설명하는데 중점을 두었다. 또한 공정 자체에 대한 설명을 줄이고 최소한의 필수적인 예제들만을 수록하여 빠른 시일에 기본개념들을 확실히 이해할 수 있도록 하였다. 본 저서는 화학공정계산 교과목의 단일 교재로서 사용하기 보다는 참고용 도서로 사용하는 것을 목표로 하였다. 공정, 장치, 물질 등의 이름 중 알기 쉬운 것들은 영어를 그대로 사용하였다. 이는 기존의 우리말로 번역된 단어들이 부자연스러워서 오히려 교과목을 이해하는데 걸림돌이 되는 것을 자주 느껴왔기 때문이다.

목 차

제1 부 소개

1장 화학공정계산이란? ········ 11

2장 용어정리 ········ 17
  2.1 계 (System), 외부 (Surrounding), 경계 (Boundary) ········ 17
  2.2 계의 상태 (State) ········ 19
  2.3 닫힌계와 열린계의 운전상태 ········ 20

3장 유효숫자 ········ 25
  3.1 측정된 숫자의 오차와 유효숫자 ········ 25
  3.2 오차를 가지고 있는 수의 계산 ········ 28

4장 계산기준(Basis) ········ 37

5장 차원과단위 ········ 41
  5.1 단위체계 ········ 41
  5.2 힘, 에너지, 일률 ········ 44
  5.3 단위변환 인자 ········ 47

6장 자유도(Degreeof Freedom) ······ 49
6.1 자유도란? ······ 49
6.2 평형시스템의 자유도 분석 (Gibbs Phase Rule) ······ 54

제 2 부 공정변수와 관계식

7장 공정변수 ······ 63
7.1 유량 ······ 63
7.2 농도 ······ 65
7.3 압력 ······ 72
7.4 온도 ······ 74

8장 기체방정식 ······ 81
8.1 이상기체 (Ideal Gas) 방정식 ······ 81
8.2 비이상기체 (Nonideal Gas) 방정식 ······ 83

9장 기체-액체 평형식 ······ 93
9.1 이상혼합물(Ideal Mixture)에 대한 Raoult식 ······ 94
9.2 Raoult법칙으로부터 음의 편차 (Negative Deviation) ······ 95
9.3 Raoult법칙으로부터 양의 편차 (Positive Deviation) ······ 96
9.4 포화증기압과 온도 ······ 98

제 3 부 물질수지 (Material Balance)

10장 물질수지식 ······ 105
10.1 일반 물질수지식 ······ 105
10.2 공정별 물질수지식 ······ 107

11장 화학반응에 대한 물질수지 ······ 113
11.1 화학반응식 (Stoichiometric Equation) ······ 114
11.2 화학반응계에 대한 물질수지 ······ 122
11.3 복수 반응 (Multiple Reaction)에 대한 물질수지 ······ 127
11.4 재순환 반응기(Recycle Reactor)에 대한 물질수지 ······ 131

제 4 부 에너지수지 (Energy Balance)

12장 에너지의 종류 …… 139
12.1 저장에너지와 전달에너지 …… 139
12.2 일 (Work) …… 143

13장 에너지 수지식 …… 151
13.1 에너지 전달속도 (Watt = Joule/sec) …… 151
13.2 에너지 수지식 …… 154
13.3 비에너지 (Specific Energy)를 이용한 열린계에 대한 에너지 수지식 …… 167
13.4 기계적 에너지 수지식 (Bernoulli 식) …… 169

14장반응이 없는 공정에 대한 에너지계산 …… 181
14.1 가상적인 가역과성 …… 181
14.2 엔탈피에 대한 압력의 영향 …… 184
14.3 엔탈피에 대한 온도의 영향 …… 186
14.4 상변화에 따른 엔탈피 변화 …… 193
14.5 공기 (Air)-H2O 시스템 …… 201
14.6 혼합엔탈피 (Heat of Mixing and Solution) …… 214

15장 반응이 일어나는 공정에 대한 에너지 계산 …… 221
15.1 비반응계와 반응계 …… 221
15.2 반응열 (Heat of Reaction)의 정의 …… 223
15.3 표준생성열 (Standard Heat of Formation)부터 표준 반응열 구하기 …… 230
15.4 표준연소열 (Standard Heat of Combustion)부터 표준 반응열 구하기 …… 234
15.5 반응계에 대한 에너지 계산 …… 238
15.6 수용액에서 산-알칼리 반응에 대한 에너지 계산 …… 251
15.7 에너지 계산 요약 …… 259

16장 에너지계산 응용 예 …… 261
16.1 단열반응기 …… 261
16.2 수소연료선시 …… 263

제1부 소 개

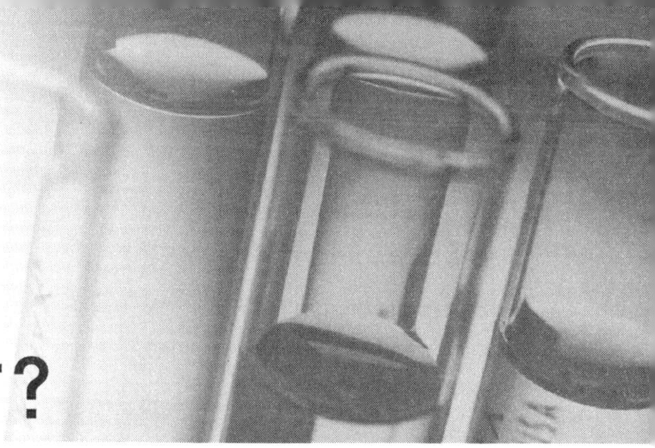

1장 화학공정계산이란?

화학공정계산 또는 화공양론 교과목은 대부분의 화학공학 관련 학과에서 화학공학 전공 교과목을 배우는 가장 초기 단계인 2학년을 대상으로 강의된다. 그러나 2학년 학생들의 경우 아직 물리화학, 열역학, 물질전달, 에너지 전달 등 화학공학의 다양한 전공에 대한 공부를 본격적으로 시작하지 않은 상태이다. 그러나 화학공정계산 교과목에서는 이들 화학공학 전공교과목의 내용들이 간단하지만 다양하게 예시되고 있기 때문에 아직 화학공학을 본격적으로 공부하지 않은 학생들에게는 혼란스럽기도 하고 이해하기 어려운 교과목이기도 하다.

따라서 "화학공정계산이란 무엇을 위한 교과목인가?"라는 질문에 대한 정확한 이해를 가지고 본 교과목 공부를 시작하는 것이 중요하다. 왜 여러 종류의 화학공학 교과목의 기본 내용들이 다양하게 소개되어야 하는지 이해하고 공부를 시작한다면 본 교과목을 효과적으로 이수할 수 있을 것이다.

1 화학공정의 구성요소

모든 화학공정의 구성요소는 크게 두 종류로 분류된다. 한 종류는 heater, cooler,

mixer, reactor, separator 등과 같이 물질의 물리화학적 변화를 일으키는 여러 가지 장치 (unit, equipment)이다. 또 한 종류는 장치와 장치를 연결하여 물질을 전달하기 위한 stream이다. 다음의 화학공정의 예에서 볼 수 있는 것처럼 stream의 종류에는 외부에서 공정으로 원료가 공급되는 feed stream, 공정으로부터 외부로 생성물이 나오는 product stream, 한 장치로 부터 앞의 장치로 다시 연결된 recycle stream 등 여러 종류의 stream이 있다.

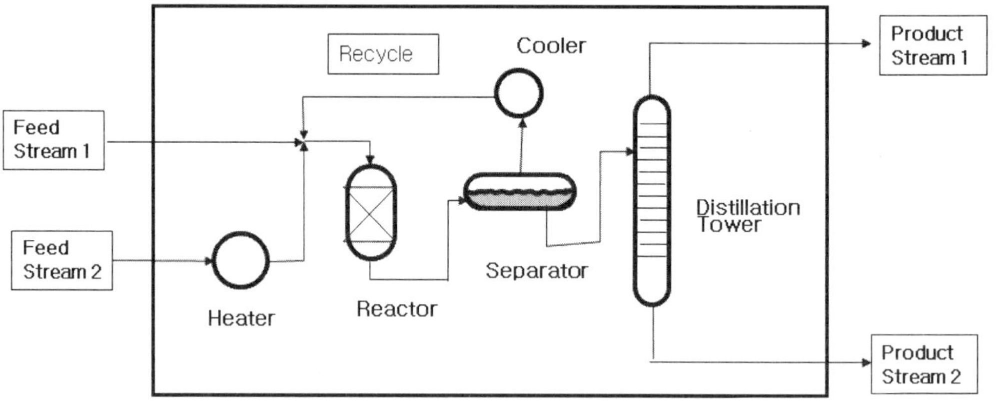

Fig. 1-1 Example of a chemical process with multiple equipments (units) and streams. Streams connect each equipment (unit) together.

2 화학공정 계산의 목적

하나의 화학공정이 완전하게 설계되기 위해서는 stream과 장치의 특성과 운전조건이 모두 명시 (specify)되어야 한다. 즉 각 stream의 경우 pipe의 크기, 재질, stream을 통해서 전달되는 물질의 조성과 전달속도, 온도, 압력 등이 정해져야 한다. 각 장치의 경우에는 장치의 크기 및 재질, 운전조건, 설계조건, 에너지의 소요량 등이 모두 계산되어야 한다. 화학공정계산에서는 이 모든 조건들을 정하는 것이 목표가 아니다. **화학공정계산에서는 stream내를 흐르는 물질의 조성, 각 물질의 흐름속도, 온도 및 압력을 계산하고 각 장치의 에너지 소요량을 계산하는 것이 주목적이다.** 이러한 계산 결과는 향후 해당 공정의 상세한 설계와 운전조건의 수립을 위한 기초자료로서 중요하게 사용된다.

3 화학공정의 Stream 변수와 장치변수

보다 구체적으로 "화학공정계산" 교과목에서 결정해야 할 화학공정 변수의 개수를 알아내는 방법은 다음과 같다. 만일 어느 한 화학공정에서 다루는 물질의 종류가 N_c개라면 각 stream에 해당되는 변수의 종류는 N_c개 물질의 흐름속도, 온도, 압력 등을 합한 $N_c + 2$ 개이다. 만일 한 화학공정에 존재하는 모든 stream의 개수가 N_s라면 전체 화학공정의 stream변수의 개수는

$N_s (N_c + 2)$이다.

또한 화학공정의 장치의 개수가 N_u라면 각 장치의 에너지 소요량이 공정변수이므로 전체공정의 장치변수의 개수는 N_u이다.

요약하면 주어진 어느 한 화학공정의 장치의 개수가 N_u, stream의 개수가 N_s, 다루고자 하는 화합물의 종류가 N_c라면 이 공정에 대한 공정변수의 개수는 다음과 같다.

총 stream변수의 개수 = $N_s (N_c + 2)$
총 장치변수의 개수 = N_u
총 공정변수의 개수 = $N_s (N_c + 2) + N_u$

"화학공정계산" 교과목의 목표는 주어진 화학공정의 총 공정변수 $N_s (N_c + 2) + N_u$개의 값을 모두 구하는 방법을 배우는 것이다.

4 화학공정계산의 유형

모든 화학공정변수의 값은 처음부터 모두 주어지지는 않는다. 일반적으로 공정변수 일부만의 값이 주어지게 되고, 값이 주어지지 않은 변수들의 값은 계산을 통해서 구하여야 한다. 이러한 문제들은 크게 세 종류의 유형으로 분류 할 수 있다. 다음과 같이 benzene과 toluene이 혼합되어 있는 액체 feed stream을 가열해서 휘발성이 더 높은

benzene의 함량이 큰 기체 product stream과 휘발성이 낮은 toluene의 함량이 큰 액체 product stream을 생산하는 증발공정을 대상으로 설명한다.

- Case 1 : 공정의 입력변수의 값과 공정조건이 주어져 있을 경우 공정의 출력 변수의 값들을 결정하기.

온도와 압력 등 운전조건이 주어진 화학공정에 stream변수 값이 주어진 feed stream이 공급될 경우 그 공정으로부터 생산되는 product stream의 변수 즉 product stream의 조성, 흐름속도, 온도, 압력 등의 값을 계산할 필요가 있는 경우들이 이 유형에 해당된다.

다음의 경우와 같이 온도 (T)와 압력 (P)등 운전조건이 정해진 증발기에 benzene과 toluene의 조성, 공급 속도, 온도, 압력이 주어진 feed stream이 공급될 때, 두 기체 및 액체 product stream의 생성속도, 각각의 조성, 온도, 압력 그리고 증발기에 공급해주어야 할 열량을 계산해야 하는 경우를 예를 들 수 있다. 이러한 경우의 계산은 비교적 쉽다.

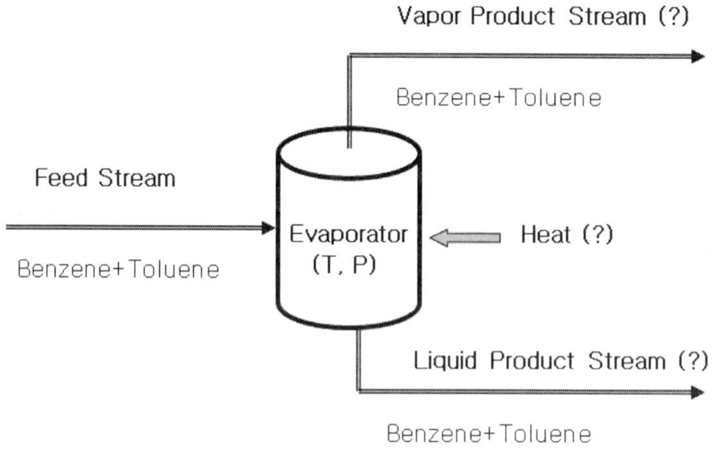

Fig. 1-2 Chemical engineering problem to determine unknown output-stream conditions based on the given informations about input-stream conditions and operating conditions of the existing process.

• Case 2 : 공정의 주어진 출력변수의 값을 달성하기 위한 공정입력변수 및 공정조건을 결정하기.

화학공정의 출력변수들의 값 즉 product stream의 흐름속도 조성, 온도, 압력 등의 값이 주어질 경우 그 공정으로의 입력되는 feed stream의 변수와 공정의 운전조건을 계산하여야 하는 경우가 이 유형에 해당한다.

증발기의 경우, case 1과는 반대로 두 기체 및 액체 product stream의 생성속도와 각각의 조성이 주어질 경우 feed stream의 공급 속도, 조성, 온도, 압력 그리고 증발기의 운전조건인 온도 (T)와 압력 (P), 그리고 증발기에 공급해주어야 할 열량을 계산하는 경우를 말한다. 이 경우의 계산은 case-1의 경우보다 더 복잡하다.

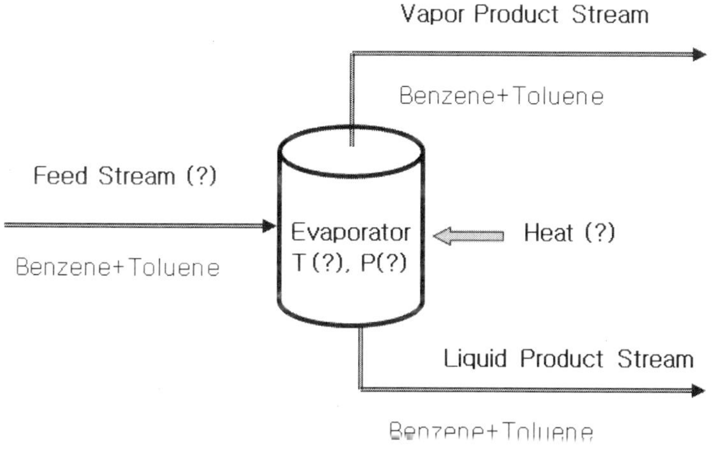

Fig. 1-3 Chemical engineering problem to determine unknown input-stream conditions based on the given informations about output-stream conditions.

• Case 3 : 공정의 입력변수와 목표로 하는 출력변수의 값이 주어져 있을 경우 공정조건을 구하는 문제.

공정의 입력변수와 출력변수의 값들이 주어질 경우 공정의 운전조건을 구하는 문제가 이 유형에 해당한다.

위의 증발기의 예의 경우, feed stream과 기체생성물인 product stream의 유량 및 조성 값이 주어질 경우 또 다른 product stream인 액체 product stream의 유량과 조성, 증발기의 조업조건인 온도 (T)와 압력 (P)을 구하는 경우이다. 이 경우 역시 case-1의 경우보다 계산방법이 더욱 어렵다.

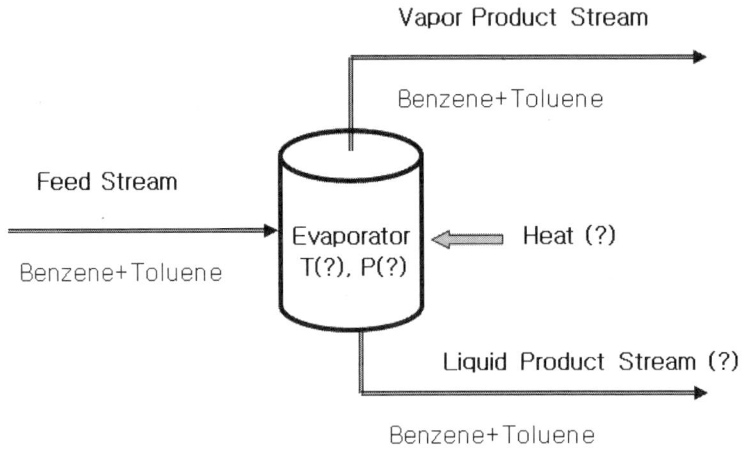

Fig. 1-4 Chemical engineering problem to determine unknown process conditions based on the given informations about both input-stream and output-stream conditions.

5 화학공정계산에서 배우게 될 것들

위에서 설명한 세 가지 계산유형이 공정계산 교과목에서 다루어야 할 문제들이다. 이들 유형의 문제들에서 주어진 변수 값들로부터 값이 알려지지 않은 변수들의 값을 구하기 위해서는 변수들 사이의 정해진 개수의 독립적인 관계식이 필요하다. 이러한 관계식으로는 물질 수지식, 에너지 수지식, 평형에서의 조성사이의 관계식, 기체방정식, 반응식 등이 있다. 이 교과목에서는 학생들이 이러한 계산을 효과적으로 수행할 수 있도록 여러 가지 기본적인 이론들과 계산방법들을 가르치게 된다.

2장 용어정리

2.1 계 (System), 외부 (Surrounding), 경계 (Boundary)

• 계 (System) : 계는 전체 우주 중 우리가 관심의 대상으로 삼는 부분을 말하며 화학 공정이 해당된다. 우리는 계에 대해서만 물질 수지 및 에너지 수지 계산을 하게 된다.

• 외부 (Surroundings) : 외부란 전체 우주에서 계를 제외한 나머지 모든 부분을 말한다. 외부의 크기는 계의 크기에 비해서 비교할 수 없을 정도로 매우 크므로 계에서 비가역적인 변화가 일어나더라도 계의 변화에 수반되어 발생하는 외부의 변화는 외부의 크기에 비해서 극히 작은 변화이다. 따라서 외부의 변화는 언제나 가역적으로 일어난다고 가정할 수 있다.

• 계의 경계 (System Boundary) : 경계는 계와 외부를 구분하는 경계면을 말한다. 경계면을 통해서 물질 전달 및 에너지 전달이 이루어진다.

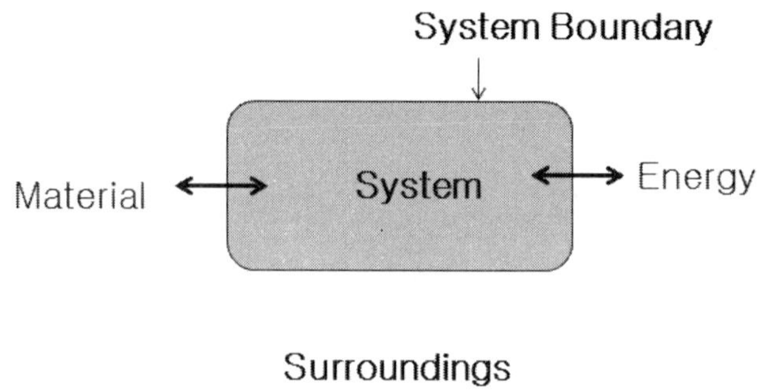

1 계 (System)의 분류

계는 경계면을 통해서 물질 또는 에너지가 계와 외부 사이에 전달되는지에 따라서 다음과 같이 세 종류로 분류한다.

- 고립계 (Isolated systems) : 경계면을 통한 물질 전달과 에너지의 전달이 완전히 금지된 계를 고립계라고 한다. 고립계의 예로는 단열된 닫힌 용기와 우주전체가 있다. 화학공정의 경우 고립계의 예는 거의 없다.

- 닫힌계 (Closed systems) : 닫힌계의 경우 경계면을 통해서 물질은 전달되지 않으나 에너지는 전달된다, 회분식 (batch) 반응기와 같이 물질이 반응기로 들어가거나 나가는 흐름이 없는 시스템이 닫힌계의 예이다.

- 열린계 (Open systems) : 열린계의 경우 경계면을 통해서 물질과 에너지 모두 전달된다. 대부분의 대규모 연속식 화학공정은 열린계이다.

2 계의 성질 (Properties of Systems)

계의 성질을 나타내기 위한 변수는 다양한데 이 변수들의 값이 계의 크기에 비례해서 변하는지 독립적인지에 따라서 크기성질 (extensive property)과 세기성질 (intensive property)의 두 종류로 분류된다.

• 크기성질 (Extensive Property) : 계의 크기에 비례하는 값을 갖는 변수를 크기변수라고 한다. 크기변수에는 질량, 부피, 전체 에너지 등이 있다.

• 세기성질 (Intensive Property) : 세기성질은 계의 크기와 무관한 성질이다. 예를 들면 모든 단위 무게 당 비 값 (specific property), 온도, 압력, 밀도, 비열용량 등이 있다.

2.2 계의 상태 (State)

1 평형상태 (Equilibrium State)

계가 평형상태에 있게 되면 계의 특성은 시간이 지나더라도 변하지 않는다. 또한 외부에서 변화를 주더라도 계의 성질은 원래 평형상태에서의 값으로 되돌아오는 안정성이 있다. 즉 계가 평형상태에 있다면 계의 온도 압력 조성 등의 값들은 시간에 따라서 변하지 않고 일정하다. 닫힌계를 오랜 기간 동안 놓아두면 평형상태에 도달하게 된다.

2 정상상태 (Steady State)

계가 정상상태에 있게 되면 계와 외부 사이의 물질 및 에너지의 입출력이 균형을 이루게 되어 계의 특성이 시간에 따라서 변하지 않는다. 그러나 외부에서 변화를 유도하게 되면 계는 새로운 특성을 가지는 다른 정상상태에 도달하게 된다. 즉 정상상태에 있는 계는 외부의 영향에 대해서 불안정하다.

3 전이 상태 (Transient State)

계가 전이 상태에 있으면 계의 특성은 시간에 따라서 계속 변화한다.

위의 세 상태를 개념적으로 나타내면 다음 그림과 같다, 계를 굴곡이 있는 언덕 위에

놓여 있는 구라고 하고 계의 특성을 언덕 위에서의 높이라고 가정한다.

구가 비탈에 놓여 있으면 (A 위치) 계의 높이는 시간에 따라서 지속적으로 낮아지므로 계는 전이 상태 있다. 구가 오목한 위치에 있으면 계가 일시적으로 정지한다. 이 때 계의 높이는 시간에 따라서 변하지 않으므로 계는 정상상태 혹은 평형상태에 있다고 할 수 있다. 이때 계가 정상상태에 있는지 평형상태에 있는지 확인하기 위해서는 계가 외부의 요인에 대해서 안정한지 불안정한지를 검사하면 된다. 계가 B의 위치에 있으면 외부에서 힘을 가하면 계는 더 아래로 굴러 떨어지게 되므로 계는 외부의 요인에 불안정하다. 따라서 구는 B위치에서 정상상태에 있음을 알 수 있다. 반면에 구가 C의 위치에 있게 되면 외부에서 힘을 가하더라고 시간이 지나면 계는 원래 위치인 C위치에 되돌아오게 된다. 즉 구는 C 위치에 있게 되면 특성이 시간에 따라서 변하지 않고 외부 요인에 대해서 안정하므로 평형상태에 있음을 알 수 있다.

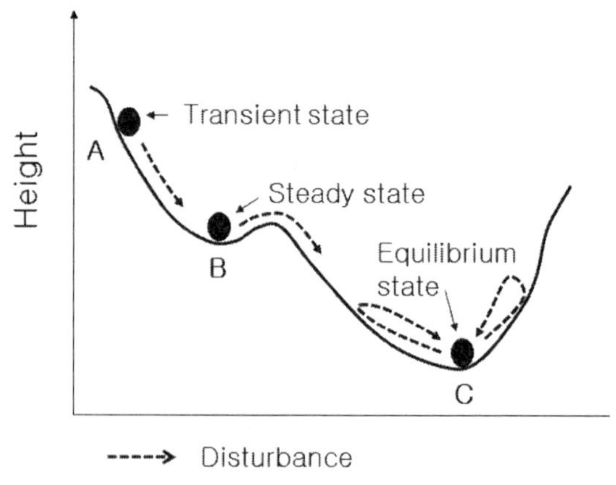

Fig. 2-1 Illustration of the three states of systems.

2.3 닫힌계와 열린계의 운전상태

① 닫힌계 (Closed System)의 운전

닫힌계는 운전 중 물질이 경계면을 통해서 외부에서 계로 공급되거나 계에서 외부로 유출되지 않는다. 따라서 대부분의 운전시간 동안 계의 상태는 계의 특성이 초기 상태 값에서 평형상태 값을 향해서 변화하는 전이 상태에 있다. 닫힌계를 매우 오랜 기간 동안 조업하면 다음 도표와 같이 결국 평형상태에 도달한다. 그러나 실제 닫힌계 화학공정에서의 조업시간은 경제성과 효율을 고려해서 평형상태에 도달하기 전에 종료하게 된다.

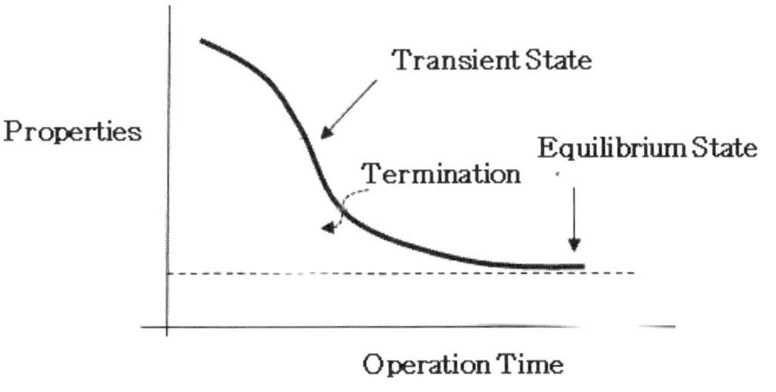

Fig. 2-2 Batch processes are operated at transient state during most of the operating period.

예제 2-1

액체상 가역반응 A ↔ B가 부피가 1 L인 회분식 반응기에서 일정한 온도 25℃에서 일어난다고 가정한다. 이 반응의 평형상수 K (=$[B]_{eq}/[A]_{eq}$)는 25℃에서 4라고 가정한다. 반응초기에 A의 농도는 100 mM이고 B는 없을 경우, 반응이 시작된 후 A와 B의 농도가 시간에 따라서 어떻게 변화하는지 설명하라. 또한 이 반응계의 상태 (state)에 대해서 설명하라. $[A]_{eq}$와 $[B]_{eq}$는 반응이 오랜 시간 동안 진행되어 평형에 도달했을 때 A와 B의 최종농도를 각각 나타낸다. 여기에서 사용된 농도의 단위 mM은 물질의 양을 나타내는 단위의 하나이며 다음에 자세히 설명된다.

풀 이 반응초기에 A의 농도가 100 mM이고 B는 없을 경우 반응이 진행되면 A는 B로 전환되며 A의 농도는 감소하고 B의 농도는 증가한다. A의 농도가 감소할수록 정반응속도는 줄어들고 B의 농도는 증가하면서 역반응 속도는 증가하게 된다. 평형상태에서 정반응속도와 역반응속도가 동일하게 되고 A와 B의 농도는 더 이상 변하지 않는다.

평형상태에서 A농도는 20 mM, B농도는 80 mM이 되어 농도의 비는 평형상수 값인 4가 된다. 따라서 이 닫힌계의 경우 A와 B의 농도는 시간에 따라서 계속 변화하는 전이 상태 있게 되고 시간이 오래 경과하면 A와 B의 농도가 더 이상 변화하지 않는 평형상태에 있게 된다. 이와 같은 계의 변화는 다음 그림과 같다.

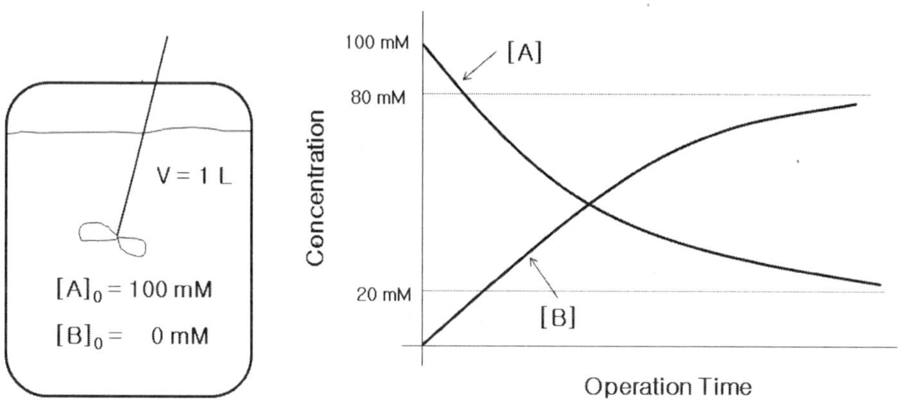

2 열린계 (Open System)의 운전

열린계에서는 경계면을 통해서 계와 외부사이에 물질과 에너지가 지속적으로 전달된다. 열린계의 특성 값들은 운전초기 짧은 기간 동안 변화한 후, 계와 외부 사이의 물질과 에너지의 전달량이 균형을 이루게 되면 일정한 값을 유지하는 정상상태가 된다. 열린계는 정상상태에서 계속 운전되다가 shutdown 기간 동안 다시 전이 상태가 된다. 이와 같은 열린계의 상태변화는 다음과 같다. 대부분의 대규모 화학공정은 열린계이며 정상상태에서 운전되고 있다.

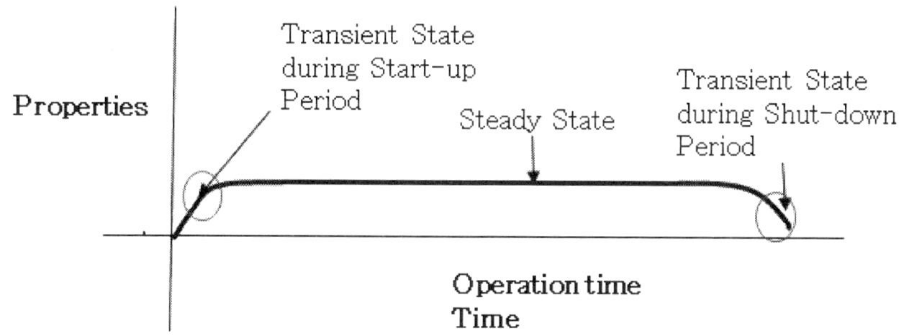

Fig. 2-3 Continuous processes are operated at steady state during most of the operating period.

예제 2-2

앞의 액체상 가역반응 A ↔ B 가 부피가 1 L인 연속식 혼합반응기에서 25 ℃에서 반응이 일어난다고 가정한다. 입력 및 출력흐름은 0.1 L/min이다. 따라서 물질의 반응기 내 체류시간은 평균 10분이다. 반응기 내에서 A의 반응속도는 6 mM/min이라고 가정한다. 이와 같은 열린계인 연속식 반응 시스템은 다음과 같다. 이 반응계에서 공정이 시작된 후 A와 B의 농도변화를 설명하라.

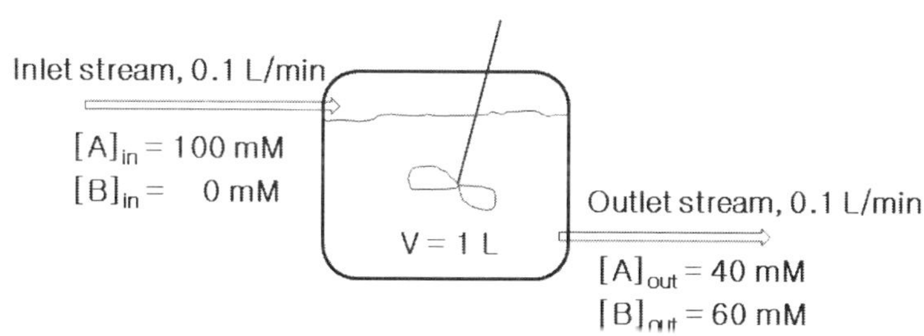

풀이 반응물질의 반응기 내 평균체류시간이 10분이므로 A는 60 mM이 소모되며 반응기에서 나가는 흐름의 A 농도는 40 mM이고 B 농도는 60 mM이다. 반응 개시 후 A와 B의 농도의 변화를 시간에 따라서 나타내면 다음 그림과 같다. 즉 반응초기의 짧은 기간 동안 계는 전이 상태 있으며 그 이후에는 대부분의 운선기간 동안 정상상태에 있게 된다.

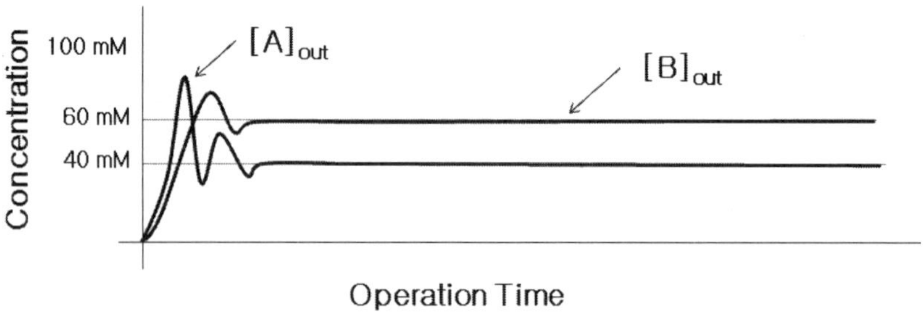
Concentration
100 mM
60 mM
40 mM
[A]out
[B]out
Operation Time

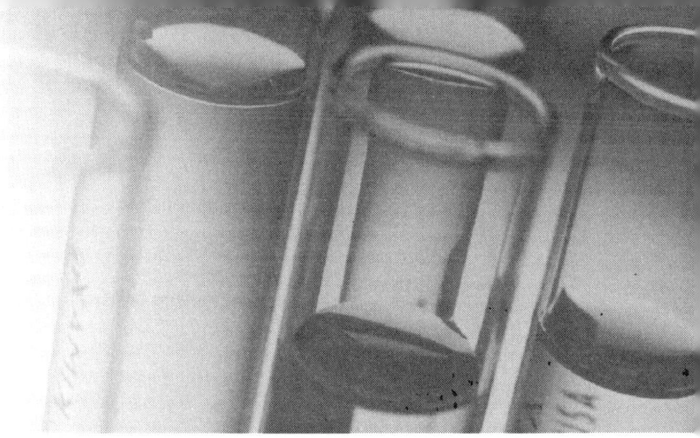

3장 유효숫자

3.1 측정된 숫자의 오차와 유효숫자

실험을 통해서 계의 변수 값을 측정할 때 통상 여러 번 측정해서 변수의 평균값과 정확도 (표준편차)를 구하게 된다. 예를 들어 정상상태에서 운전되는 연속식 반응기의 온도를 여러 번 측정한 경우의 결과가 다음과 같다고 가정하자.

측정횟수	1	2	3	4	5	6	7	8
온도 (℃)	30	29	31	30	28	30	32	29

이 반응기의 온도를 정확하게 나타내는 방법은 보통 측정값들의 평균 ($\bar{x}$)과 표준편차 (s_X)를 계산하는 것이다. 위의 측정값들의 경우

$$\text{평균} : \ \bar{x} = \frac{\sum_i x_i}{n} = \frac{30+29+31+30+28+30+32+29}{8} = 29.875$$

$$\text{분산} : s_X^2 = \frac{\sum_i (x_i - \overline{x})^2}{n-1} = 1.55357......$$

$$\text{표준편차} : s_X = \sqrt{s_X^2} = \sqrt{1.55357...} = 1.2464...$$

위와 같은 평균과 표준편차를 가지고 있는 데이터의 경우 비교적 정확하게 오차범위를 전달할 수 있도록 측정값을 나타내는 방법은 무엇일까?

위의 측정결과의 경우 평균값이 29.875이고 표준편차가 1.2464... 이므로 평균값 중 일의 자리 숫자 9는 정확한 값이 아니다. 즉

29.875
±1.2464....

따라서 평균값을 일의 자리에서 반올림한 30이라고 하면 비교적 정확하게 나타낸 것이다. 이때 숫자 30에서 정확한 숫자는 십의자리 3이다. 이와 같이 주어진 측정값 중 신뢰도가 높은 정확한 자리의 숫자들을 유효숫자라고 한다.

1 유효숫자 (Significant Figure) 판단하기

오차를 가지고 있는 측정값이 주어질 경우 유효숫자는 다음과 같은 방법으로 판단한다.

① 소수점 (Decimal Point)이 있는 수의 경우

소수점이 있는 수의 경우 0이 아닌 가장 왼쪽에 있는 숫자 (자릿수가 가장 큰 숫자)에서 오른쪽 마지막 숫자 (자릿수가 가장 작은 숫자)까지가 유효숫자이다. 이때 오른쪽 마지막 숫자가 0이라도 유효숫자이다. 이때 각 수의 오차는 가장 작은 자릿수 한자리수 아래 숫자의 반이다. 즉 다음의 표에서 밑줄이 있는 숫자가 각 수의 유효숫자이다.

숫자	유효숫자의 개수	오차
2300.	4	±0.5
2300.0	5	±0.05
0.035	2	±0.0005
0.0350	3	±0.00005

위의 예와 같이, 같은 크기의 숫자라도 소수점과 0을 사용해서 서로 다른 정확도를 나타낼 수 있다. 즉 2300.0은 2300.보다 오차가 1/10이며 10배 더 정확한 수이다.

② 소수점 (Decimal Point)이 없는 수의 경우

소수점이 없는 수의 경우, 0이 아닌 가장 왼쪽에 있는 숫자 (자릿수가 가장 큰 숫자)에서 0이 아닌 오른쪽 마지막 숫자까지가 유효숫자이다. 이때 오른쪽 마지막 숫자가 0이면 유효숫자가 아니다. 이때 각 수의 오차는 오른쪽에서 0이 아닌 마지막 자릿수 보다 한자리수 아래 숫자의 반이다. 예를 들면

- 2300은 유효숫자가 왼쪽부터 2와 3 두 개이고 오차는 ± 50이다. 숫자의 가장 오른쪽의 0 두개는 유효숫자가 아니다.

- 23040은 유효숫자가 왼쪽부터 2, 3, 0, 4 네 개이고 오차는 ± 5이다. 일의 자리숫자 0은 유효숫자가 아니다.

2 과학적 기수법 (Scientific Notation)으로 유효숫자 나타내기

유효숫자를 보다 정확하게 나타내는 방법은 주어진 수를 밑 (base)이 10이고 지수 (exponent)가 정수인 과학적 기수법으로 나타내는 것이다. 이때 원래 수의 유효숫자 부분은 지수의 계수 (coefficient)로 나타낸다. 이때 계수는 0보다 크고 10보다 작은 1의 자리 수이다.

예를 들면, 수 2.45×10^5에서 2.45는 유효숫자를 나타내는 계수 (coefficient), 10은 밑

(base), 그리고 5는 지수 (exponent)이다. 이 수에서 유효숫자는 계수의 2, 4, 5 세 개다. 위에서 예로 든 수들을 과학적 기수법을 사용해서 유효숫자 부분이 계수가 되도록 나타내면 다음과 같다.

숫자	유효숫자의 개수	과학적기수법
2300	2	2.3×10^{3}
2300.	4	2.300×10^{3}
2300.0	5	2.3000×10^{3}
0.035	2	3.5×10^{-2}
0.0350	3	3.50×10^{-2}
23040	4	2.304×10^{2}

3.2 오차를 가지고 있는 수의 계산

1 일반적인 계산과정

오차를 가지고 있는 수에 대해서 수학적인 계산을 할 경우 계산 결과값의 오차는 얼마일까? 즉 계산에 의해서 오차는 어떻게 전달될까? 오차를 가지고 있는 숫자에 대한 모든 계산을 다음의 일반적인 순서에 따라 실시하면 계산 결과값의 유효숫자와 오차의 크기를 판단할 수 있다.

① 주어진 숫자들을 이용해서 계산식을 풀이한다. 계산에 의한 결과값을 Val이라고 하자. 이때 계산 결과 값을 임의의 자리에서 너무 짧게 끊지 않도록 한다.

② 주어진 숫자들의 유효숫자와 오차범위에서 계산결과의 최댓값을 구한다. 이 값을 Max라고 하자.

③ 주어진 숫자들의 유효숫자와 오차범위에서 계산결과의 최솟값을 구한다. 이 값을

Min이라고 하자.

④ 계산 결과의 오차를 다음과 같이 계산한다.

오차 = (Max-Min)/2

⑤ 계산 결과값은 Val ± 오차의 숫자가 된다. 따라서 오차 값의 최대 자릿수보다 한자리 위의 자릿수부터 위쪽으로 유효숫자가 된다. 오차를 고려한 계산결과는 오차 값의 최대자리에서 반올림한다.

다음의 예들을 통해서 위의 일반적인 방법을 익힌다.

2 오차를 가지고 있는 숫자들의 덧셈

오차를 가지고 있는 두 숫자의 덧셈 결과값의 유효숫자와 오차를 구해본다.

덧셈식 : 3.57 + 4.286

3.57은 ±0.005의 오차를 4.286은 ±0.0005의 오차를 가진다.

① 주어진 숫자들을 이용해서 식을 풀이하여 결과값을 계산하고, 이 결과값을 Val이라고 한다.

Val = 3.57 + 4.286 = 7.856

② 주어진 숫자들의 유효숫자와 오차범위에서 계산결과의 최댓값 Max를 구한다.

Max = 3.575 + 4.2865 = 7.8615

③ 주어진 숫자들의 유효숫자와 오차범위에서 계산결과의 최솟값 Min을 구한다.

Min = 3.565 + 4.2855 = 7.8505

④ 위에서 구한 Max와 Min으로부터 오차 값을 구한다.

오차 = (Max-Min)/2 = (7.8615-7.8505)/2 = 0.0055

즉 계산 결과값은 ±0.0055의 오차를 가진다.

⑤ Val값과 오차 값을 비교해서 유효숫자를 구한다. 즉

Val = 7.85**6**
오차 = ±0.0055

즉 계산 결과 숫자 중 소수 셋째 자리수인 6이하는 정확한 숫자가 아니므로 소수 셋째 자리에서 반올림한다.

⑥ 최종적으로 계산 결과는 7.86이 된다. 그리고 유효숫자의 개수는 3개이다.

3 오차를 가지고 있는 숫자들의 뺄셈

다음 오차를 가지고 있는 두 숫자의 뺄셈 결과의 유효숫자와 오차를 구한다. 이후로는 각 단계에 대한 설명은 중복되므로 생략한다.

뺄셈식 : 3.57 - 4.286

① Val = 3.57 - 4.286 = -0.716

② Max = 3.575 - 4.2855 = -0.7105

③ Min = 3.565 - 4.2865 = -0.7215

④ 오차 = (Max-Min)/2 = (-0.7105-(-0.7215))/2 = 0.0055

즉 계산 결과값은 ±0.0055의 오차를 가진다.

⑤ Val = -0.71**6**
오차 = ±0.0055

⑥ 오차를 고려한 최종적으로 계산 결과는 -0.72이다.

※ 음수의 반올림은 어떻게 하는가?

음수를 반올림 할 경우 양수를 반올림 할 경우에 비해서 혼돈스러울 수가 있다. 음수의 반올림은 반올림하고자 하는 자리수보다 한자리 위의 자리수를 가지는 숫자 중 원래의 수에 가장 가까운 큰 수와 가장 가까운 작은 수 중 원래의 숫자와 더욱 가까운 수로 한다. 위의 경우 -0.716을 소수 셋째 자릿수 6에서 반올림하려고 한다. 소수둘째자리 숫자 중 원래 수에 가장 가까운 큰 수는 -0.71이고 원래 수에 가장 가까운 작은 수는 -0.72이다. 원래 수 -0.716은 -0.71보다 -0.72에 더욱 가까우므로 원래수를 반올림한 수는 -0.72이다. 이들 수의 관계는 수들을 직선에 나타내면 더욱 명확하게 알 수 있다.

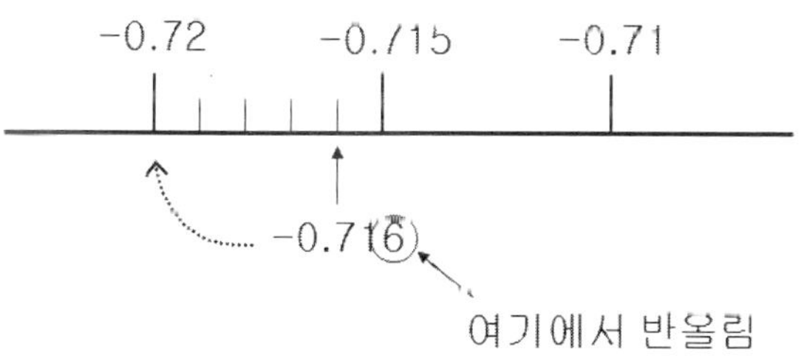

※ 반올림 규칙

반올림하고자 하는 자리수의 숫자가 5일 경우 반올림 하고자 하는 자리수보다 한자리 위의 수가 짝수가 되도록 한다. 다음의 각 수의 밑줄 친 끝자리 수를 반올림하면 다음과 같다.

$2.4\underline{5} \rightarrow 2.4$

$3.45\underline{5} \rightarrow 3.46$

4 오차를 가지고 있는 숫자들의 곱셈

다음 오차를 가지고 있는 두 숫자의 곱셈 결과의 유효숫자와 오차를 구한다.

곱셈식 : 3.57 x 4.286

① Val = 3.57 x 4.286 = 15.30102

② Max = 3.575 x 4.2865 = 15.3242.....

③ Min = 3.565 x 4.2855 = 15.2778....

④ 오차 = (Max-Min)/2 = (15.3242.....- 15.2778....)/2 = 0.0232....

즉 계산 결과값은 ±0.0232...의 오차를 가진다.

⑤ Val = 15.3**0**102
오차 = ±0.0232...

위의 계산 결과값은 소수 둘째자리 수 0이하부터 부정확한 숫자이다. 따라서 소수 둘째자리에서 반올림한다.

⑥ 오차를 고려한 최종적인 계산 결과값은 15.3이다.

5 오차를 가지고 있는 숫자들의 나눗셈

다음 오차를 가지고 있는 두 숫자의 나눗셈 결과의 유효숫자와 오차를 구한다.

나눗셈식 : 3.57 ÷ 4.286

① Val = 3.57 ÷ 4.286 = 0.83294....

② Max = 3.575 ÷ 4.2855 = 0.83420....

③ Min = 3.565 ÷ 4.2865 = 0.831680...

④ 오차 = (Max-Min)/2 = (0.83420....- 0.831680...)/2 = 0.00126...

즉 계산 결과값은 ±0.00126...의 오차를 가진다.

⑤ Val = 0.83**2**94....
오차 = ±0.00126...

계산 결과값의 소수 셋째자리 수 2이하부터 부정확한 숫자이다. 따라서 소수 셋째자리에서 반올림한다.

⑥ 최종적인 계산 결과는 0.83이다.

6 복잡한 함수의 계산

위와 같은 일반적인 계산단계를 이용하면 오차를 가지고 있는 숫자들의 복잡한 함수계산에 특히 편리하다. 예를 들면 log, sin, exp 등 초월함수의 계산에도 쉽게 적용할 수 있다.

예제 3-1

다음식의 결과를 유효숫자로만 나타내시오.

계산식: 2.3 log (35.5/2.3)

풀 이 ① Val = 2.3 log (35.5/2.3) = 2.733551......

② Max = 2.35 log (35.55/2.25) = 2.816844....

③ Min = 2.25 log (35.45/2.35) = 2.651733....

④ 오차 = (Max-Min)/2 = (2.816844....- 2.651733....)/2 = 0.0825...

즉 계산 결과값은 ±0.0825...의 오차를 가진다.

⑤ Val = 2.733551......
오차 = ±0.0825...

계산 결과값의 소수 둘째자리 수 3 이하부터 부정확한 숫자이다. 따라서 소수 둘째자리에서 반올림한다.

⑥ 최종적인 계산 결과는 2.7이다. 즉 유효숫자의 개수는 두 개이다.

예제 3-2

다음의 예와 같이 수식에서 상수는 오차가 없는 숫자로 간주하여야 한다.

계산식 : 2.3 [log (35.5/2.3)]/2

풀 이 ① Val = 2.3 [log (35.5/2.3)]/2 = 1.3667…….

② Max = 2.35 [log (35.55/2.25)]/2 = 1.4084...

③ Min = 2.25 [log (35.45/2.35)]/2 = 1.3258...

④ 오차 = (Max-Min)/2 = (1.4084.. - 1.3258...)/2 = 0.0413

계산 결과값은 ±0.0413의 오차를 가진다.

⑤ Val = 1.3667....
오차 = ±0.0413...

계산 결과값의 소수 둘째자리 수 6 이하부터 부정확한 숫자이다. 따라서 소수 둘째자리에서 반올림한다.

⑥ 최종적인 계산 결과값은 1.4이며 유효숫자의 개수는 두 개이다.

4장 계산 기준 (Basis)

화학공정의 공정변수 중 값이 알려지지 않은 공정변수들의 값을 구하기 위해서 이들 변수들 사이의 연립방정식을 풀이하는 공정계산을 수행해야 한다.

이를 위해서 수학 교과목에서 주로 사용하는 방법은 값이 알려지지 않은 공정변수들에 대해서 각각의 미지수를 지정하고, 이들 미지수들로 이루어진 방정식들을 수립하고 나서 이들 방정식들을 풀이해서 미지 공정변수들의 값을 구한다. 그러나 공정계산에서는 이러한 방정식을 이용한 수학적 풀이방법 대신, 계산 기준 (basis)을 설정하고 이 계산 기준에 의해서 공정을 분석하기 위한 분석표를 작성하며 이 분석표로부터 미지 공정변수들의 값을 구한다. 이 때 방정식은 수립되지 않으며, 방정식 대신 주로 공정분석표를 이용한다. 이 방법을 이용하면 보다 쉽게 미지 공정변수들의 값을 구할 수 있으며, 추가적으로 공정분석표를 이용해서 공정을 종합적으로 분석할 수 있게 된다.

예제 4-1

공기 중 산소와 질소의 %농도는 부피기준으로 각각 21%와 79%이다. 산소와 질소의 농도를 무게

%로 구하여라. 산소와 질소의 분자량은 각각 32와 28이다.

풀 이

① 풀이 1 : 방정식을 이용한 풀이 방법

- 미지변수를 지정한다. 산소의 무게% = x, 질소의 무게% = y
- 미지변수로 이루어진 연립방정식을 수립한다.

$$x + y = 100$$

기체의 경우 부피%와 mol%는 동일하다. 따라서 공기의 무게% 조성과 산소의 mol%사이에는 다음 식이 성립된다.

$$\frac{x/32}{x/32 + y/28} \times 100 = 21$$

- 위의 두 연립방정식을 풀이한다.

$$x = 23.3\%,\ \ y = 76.7\%$$

② 풀이 2 : 계산 기준 (Basis)을 이용한 풀이방법

- 계산에 편리한 기준을 설정한다. 여기에서는 공기 100 mol을 계산 기준으로 설정할 수 있다.
- 문제에 적절한 분석표를 작성한다.

계산 기준 (basis) : 공기 100 mol

Component	MW	mol	Mass (gram)	Weight%
O_2	32	21	32x21 = 672	23.3
N_2	28	79	28x79 = 2,212	76.7
			Total mass = 2,884	100.0

※ MW : Molecular Weight (분자량)

• 최종 답을 작성한다.

산소의 무게% = 23.3%, 질소의 무게% = 76.7%

위의 예제에서와 같이, 방정식을 수립하여 풀이하는 수학적인 방법에 비해서 계산 기준을 설정하고 이 기준을 이용해서 문제에 대한 분석표를 작성한 후 이 분석표에서 원하는 결과를 얻는 방법을 사용하면, 주어진 문제를 종합적으로 분석하는 것이 가능해진다. 또한 풀이과정에서 계산과정을 최소화함으로서 계산 오류의 발생을 최소화 할 수 있다.

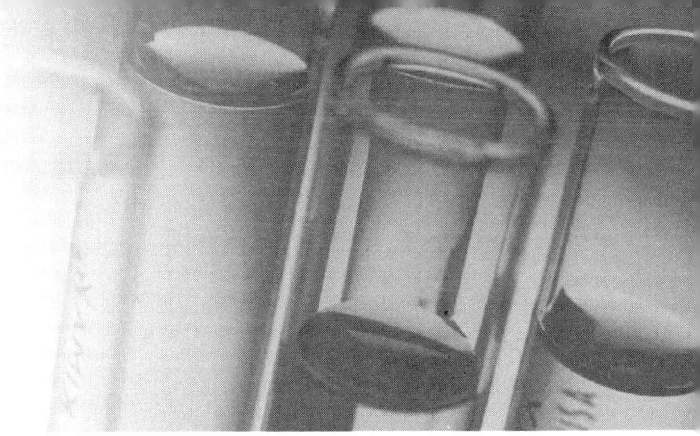

5장 차원과 단위

공정변수인 물질의 흐름속도, 조성, 온도, 압력, 에너지 전달속도 등의 값을 나타내기 위해서 필요한 기본적인 차원은 길이, 질량, 시간, 온도이다. 각 차원의 크기를 나타내기 위해서 다음과 같은 단위들이 사용된다.

5.1 단위체계

1 기본단위 (Base Unit)

단위를 가진 숫자들의 차원을 구성하는 기본 차원은 길이, 질량, 온도, 시간이다. 이들 기본차원을 나타내기 위해서 국제표준단위체계 (SI Unit system), CGS 체계, 미국공학체계 등 세 가지 종류의 기본단위 체계가 사용된다. 세 종류의 체계에서 사용하는 각각의 기본차원에 대한 단위는 다음 표와 같다.

Table 5-1 Basic units to represent four basic dimensions, length, mass, time, and temperature

Dimension	Base Units		
	SI Unit system	CGS system	American engineering system (fps)
Length (L)	meter (m)	centimeter (cm)	foot (ft)
Mass (M)	kilogram (kg)	gram (g)	pound-mass (lbm)
Time (t)	second (s)	second (s)	second (s)
Temperature (T)	Kelvin (°K)	kelvin (°K)	Rankine(°R)

2 배수 단위 (Multiple Unit)

배수단위는 기본단위들의 배수 또는 분수를 나타내기 위해서 사용되는 단위들이다. SI system에서 각 기본단위들에 대한 배수단위들의 예는 다음과 같다.

Table 5-2 Multiple units to represent multiples or fractions of basic dimensions.

Dimension	Multiple Units	
	SI	American Engineering System (fps)
Length	km, cm, mm, μm...	mile, inch (in), yard (yd)
Mass	(metric)ton, g, mg, μg...	ton, ounce (oz)
Time	yr, month, day, hr, min, ms...	year (yr), month, day, hour (hr), min, ms...

배수단위를 나타내는 체계적인 방법은 기본단위 (base unit) 앞에 다음과 같은 접두사를 붙여서 사용하는 것이다.

Factor	Prefix	Symbol	Factor	Prefix	Symbol
10^{12}	Tera	T	10^{-1}	deci	d
10^{9}	Giga	G	10^{-2}	centi	c
10^{6}	Mega	M	10^{-3}	milli	m
10^{3}	Kilo	k	10^{-6}	micro	μ
10^{2}	Hecto	h	10^{-9}	nano	n
10^{1}	Deca	da	10^{-12}	pico	p

자주 사용되는 배수단위 (multiple unit)는 다음과 같다.

Factor	Prefix	Length	Mass	Time
10^3	kilo	km	kg	
1		m	g	s
10^{-1}	deci	dm		
10^{-2}	centi	cm		
10^{-3}	milli	mm	mg	ms
10^{-6}	micro	μm	μg	μs
10^{-9}	nano	nm	ng	ns
10^{-10}		Angstrom (Å)		

3 유도단위 (Derived Unit)

① 복합 단위 (Compound Unit)

두개 이상의 기본단위 또는 배수단위들의 곱이나 분수로 이루어진 단위를 복합단위라고 한다.

(예) cm^2, ft/min, $kg{\cdot}m/s^2$

② 복합 단위들에 대한 유도단위

복합단위들은 그대로 사용하기에는 번거로우므로 자주 사용되는 복합단위들에 대해서는 간단한 약자를 유도단위로서 대신 사용한다. 대부분의 유도단위는 유명한 과학자들의 이름과 그 이니셜을 사용한다. 다음 표에는 자주 사용되는 복합단위와 유도단위들의 예를 보여준다.

Table 5-3 Derived units to represent compound units

Quantity	Dimension	Derived Unit		Compound Unit
		Name	Symbol	
Volume	L^3	Liter	L	10^{-3} m^3
Force	$M \cdot L/t^2$	Newton	N	1 $kg \cdot m/s^2$
Pressure	$M/(L \cdot t^2)$	Pascal	Pa	1 $N/m^2 = 1$ $kg/(m \cdot s^2)$
Energy	$M \cdot L^2/t^2$	Joule	J	1 $N \cdot m=1$ $kg \cdot m^2/s^2$
Power	$M \cdot L^2/t^3$	Watt	W	1 $J/s=1$ $kg \cdot m^2/s^3$

4 단위와 숫자 표기

거의 모든 숫자는 단위를 가지고 있다. 숫자와 단위를 함께 표시할 경우 숫자와 단위 사이는 한 칸씩 띄어 쓴다.

(예) 12 m 30 kg · m/s², ...

그러나 온도와 %는 한 칸을 띄지 않고 붙여 쓴다.

(예) 30℃, 50%

※ 온도는 경우에 따라서 숫자와 단위 사이를 한 칸 띄어 쓰기 할 경우도 있다.

5.2 힘, 에너지, 일률

1 힘 (Force)

힘은 물체의 질량(m)과 그 물체의 가속도(a)의 곱으로 정의 된다.

$$\text{Force} = m \cdot a$$

힘의 차원 (dimension of force) = $M \cdot L/t^2$

힘의 표준 유도단위는 N (Newton) : $1\ N = 1\ kg \cdot m/s^2$

힘의 다른 단위 : $1\ lb_f = 32.174\ lbm \cdot ft/s^2$

$1\ kg_f = 9.8\ kg \cdot m/s^2 = 9.8\ N$

※ 위도 45도의 해수면에서 표준중력가속도 = 9.8 m/s^2 또는 32.174 ft/s^2 이다.

예제 5-1

질량이 10 kg인 물질의 지구표면에서의 무게 (힘) w를 N, kg_f, 및 lb_f 단위로 구하라.

풀 이

$$w(N) = mg = 10\,kg \times 9.8\,m/s^2 = 98\,kg\ m/s^2 = 98\,N$$

$$w(kg_f) = 98\,N\,\frac{1\,kg_f}{9.8\,N} = 10\,kg_f$$

$$w(lb_f) = 10\,kg\,\frac{1\,lb_m}{0.454\,kg}\,\frac{32.174\,ft/s^2}{}\,\frac{1\,lb_f}{32.174\,lb_m\,ft/s^2} = 22\,lb_f$$

※ 중력가속도가 9.8 m/s^2인 지표면에서 물체가 받는 중력의 값은 kg_f 단위로는 kg 질량 값과 같고 lb_f 단위로는 lb_m 질량 값과 같다.

예제 5-2

달 표면에서의 중력가속도는 지구중력가속도의 약 1/6이다. 질량이 10 kg인 물질의 달 표면에서의 무게 (힘) w를 N, kg_f, 및 lb_f 단위로 구하라.

풀 이

달 표면에서의 중력가속도 $g = 9.8\,m/s^2 \div 6 = 1.63\,m/s^2$

$$w(N) = mg = 10\,kg \times 1.63\,m/s^2 = 16.3\,kg\;m/s^2 = 16.3\,N$$

$$w(kg_f) = 16.3\,N \frac{1\,kg_f}{9.8\,N} = 1.66\,kg_f$$

$$w(lb_f) = 10\,kg \frac{1\,lb_m}{0.454\,kg} \frac{32.174\,ft/s^2}{6} \frac{1\,lb_f}{32.174\,lb_m\,ft/s^2} = 3.67\,lb_f$$

3 에너지

에너지는 물체에 가해진 힘 (F)과 그 힘에 의해서 물체가 움직인 거리 (d)의 곱으로 정의된다.

$$\text{Energy} = F \cdot d$$

에너지의 차원 (Dimension of energy) = $M \cdot L^2/t^2$

에너지의 표준단위 : J (Joule), $1\,J = 1\,N \cdot m = 1\,kg \cdot m^2/s^2$

에너지의 다른 단위 : 1 cal = 4.184 J,   1 Btu = 1055 J

4 일률 (Power)

일률은 단위시간 당 전달된 에너지의 크기로 정의된다.

Power 또는 rate of energy = energy/time

일률의 차원 (Dimension of power) = $M \cdot L^2/t^3$

일률의 표준단위 : W (Watt),

$$1\ W = 1\ J/sec = 1\ kg \cdot m^2/s^3$$

일률의 다른 단위 : 1 hp = 745.7 J/s (W)

5.3 단위변환 인자

오늘날 주로 사용되는 단위체계는 SI system과 American Engineering system이다. 이들 두 system에서 사용되는 기본단위, 배수단위, 복합단위, 유도단위 사이의 변환을 위해서는 단위 변환인자 (conversion factor)를 알아야 한다. 자주 사용되는 단위사이의 변환인자는 다음 표와 같다.

Table 5-4 Conversion factors between different unit systems

Quantity	SI	fps	SI vs fps
Length	1 m=10^9 nm=10^{10} Å 1 km=1000 m	1 ft=12 in 1 yd=3 ft=36 in	1 m=3.281 ft 1 ft=0.305 m
Mass	1 kg=1000 g 1 metric ton=1000 kg	1 lb_m=16 oz 1 ton=2000 lb_m	1 kg=2.205 lb_m 1 lb_m=0.454 kg
Volume	1 m^3=1000 L	1 ft^3=7.48 gal	1 m^3=35.31 ft^3 1 ft^3=0.0283 m^3
Force	1 N=1 $kg \cdot m/s^2$ 1 dyne=1 $g \cdot cm/s^2$ 1 N=10^5 dynes 1 kg_f=9.8 $kg \cdot m/s^2$=9.8 N	1 lb_f=32.174 $lb_m \cdot ft/s^2$	1 N=0.225 lb_f 1 lb_f=4.45 N

Quantity	SI	fps	SI vs fps
Pressure	1 Pa=1 N/m^2 1 atm=1.013x10^5 Pa 1 bar=10^5 Pa 1 atm=1.013 bar	1 psi=1 lb$_f$/in^2	1 atm=14.7 psi 1 psi=0.068 atm
Energy	1 J=1 N·m 1 erg=1 dyne·cm 1 J=10^7 ergs 1 J=0.239 cal 1 cal=4.184 J	1 BTU=778 ft·lb$_f$	1 J=9.48x10^{-4} BTU 1 BTU=1055 J =252 cal
Power	1 W=1 J/s	1 hp=550 ft·lb$_f$/s	1 W=0.738 ft · lb$_f$/s 1 W=1.341x10^{-3} hp 1 hp=745.7 W

※ 1 BTU는 British Thermal Unit의 약자로 물 1 lb$_m$의 온도를 1℉ 높이기 위해서 필요한 에너지다.
※ 1 calorie는 물 1 gram의 온도를 1℃ 높이기 위해서 필요한 에너지다.
※ hp = horsepower (마력)

예제 5-3 단위체계 사이의 단위변환

다음 숫자 $23\,lb_m\,ft/\min^2$을 $kg\,cm/s^2$로 변환하라.

풀 이

$$\frac{23\ \mathrm{lb_m \cdot ft}}{\mathrm{min^2}}\left|\frac{0.454\ \mathrm{kg}}{1\ \mathrm{lb_m}}\right|\frac{30.48\ \mathrm{cm}}{1\ \mathrm{ft}}\left|\frac{1\ \mathrm{min^2}}{60^2\ \mathrm{s^2}}\right.=\frac{23\times0.454\times30.48}{60^2}\frac{\mathrm{kg\cdot cm}}{\mathrm{s^2}}$$

$$=0.0884\ \frac{kg\ \bullet\ cm}{s^2}$$

6장 자유도 (Degree of Freedom)

6.1 자유도란?

자유도 (DF)란 값을 모르는 변수의 개수 (n)로부터 이들 변수사이의 독립된 관계식의 개수 (m)를 뺀 값이다. 즉 n개의 미지수로 이루어진 m개의 독립된 방정식의 경우 자유도는 n - m이다. 계는 자유도 값을 기준으로 다음 세 종류로 나눌 수 있다.

1 계의 분류

① 조건이 완전히 주어진 계 (DF = 0)

계의 조건이 완전히 주어질 경우 값이 주어지지 않은 미지변수들의 개수 (n)와 이 미지변수들로 이루어진 독립된 방정식의 개수 (m)는 같다. 따라서 이 계의 자유도는 0이다. 따라서 독립된 방정식들을 이용해서 미지변수들의 값을 계산할 수 있다. 가장 단순한 예는 다음과 같이 미지변수가 2개 (x_1, x_2)이고 이들 미지변수로 이루어진 독립된 방정식의 개수가 2개인 경우이다.

$$x_1 + x_2 = 1$$
$$x_1 - x_2 = 1$$

이들 방정식들로부터 미지변수들의 고유한 값을 계산할 수 있다.

② 조건이 불충분하게 주어진 계 (DF > 0)

계의 조건이 충분히 주어지지 않을 경우 값이 주어지지 않은 변수들의 개수 n이 이들 변수들로 이루어진 독립된 방정식의 개수 (m)보다 많다. 따라서 이 경우 자유도는 0보다 크다. 즉

$$DF = n - m > 0$$

이러한 계의 미지변수들의 값을 구하기 위해서는 n개의 미지변수들 중 DF (= n-m)와 같은 개수의 미지변수들의 값을 추가로 지정해 주어 계의 자유도가 0이 되도록 해야 한다. 남은 개수 (m)의 미지변수의 값은 m개의 독립된 방정식으로부터 구한다. 이 때 추가로 지정 해주어야 할 미지변수들의 선정과 그 값들은 공정특성에 맞추어 타당하도록 해야 한다.

간단한 예를 들면 미지변수가 3개 (x_1, x_2, x_3)이고 이들 미지변수로 이루어진 독립된 방정식의 개수가 2개인 경우를 고려하자.

$$x_1 + x_2 + x_3 = 1$$
$$x_1 - x_2 - x_3 = 3$$

이 경우 자유도는 3 - 2 = 1이다. 따라서 이 방정식을 풀이하기 위해서는 3개 (x_1, x_2, x_3)의 미지변수 중 하나들 선정해서 그 값을 주어야한다. 그 후 나머지 2개의 미지변수의 값은 위의 두 개의 식으로부터 구한다. 예를 들면 $x_3 = 0$이라고 주면 위 식은 다음과 같이 된다.

$$x_1 + x_2 = 1$$
$$x_1 - x_2 = 3$$

위 두식을 풀면 $x_1 = 2$, $x_2 = -1$이 된다.

이 경우 수학적으로는 무수히 많은 해가 존재 한다고 한다. 그러나 이러한 종류의 계는 공정설계엔지니어들이 가장 자주 다루게 되는 과제의 대상이다. 즉 실제로 공정설계엔지니어들의 주된 업무 중 일부는 계의 DF 분석과 DF이 0이 되도록 계의 방정식들에 포함되어 있는 미지변수들 중 DF과 동일한 개수의 미지변수를 적절하게 선정하고 그 값들을 공정조건에 타당하도록 지정하는 일이다.

③ 조건이 과도하게 지정된 경우 (DF < 0)

계의 조건이 과도하게 주어질 경우 미지변수들의 개수 n이 이들 변수들로 이루어진 독립된 방정식의 개수 (m)보다 적다. 따라서 이 경우 자유도는 0보다 작다. 즉

$$DF = n - m < 0$$

간단한 예를 들면 미지변수가 2개 (x_1, x_2)이지만 이들 미지변수로 이루어진 방정식의 개수가 3개인 경우를 고려하자.

$$x_1 + x_2 = 1$$
$$x_1 - x_2 = 3$$
$$2x_1 + x_2 = 2$$

복잡한 공정에 대해서 공정변수를 과도하게 지정하면 이런 경우가 발생한다. 지금까지 분류된 세 종류의 경우 중 이 경우가 공정설계엔지니어들에게 가장 어려운 경우이다. 공정이 복잡할 경우 물질수지 (mass balance) 및 에너지 수지 (energy balance)를 계산하기 위한 공정설계 program은 작동되지 않을 것이다. 주어진 식 중 잘못 설정된 식이 있는지, 값이 주어진 공정변수 중 몇 개의 변수를 어떻게 선정해서 미지변수로 정해야

할지와 같은 엔지니어로서 부딪히는 가장 어려운 결정이 기다리고 있는 경우이다.

2 자유도에 대한 수학적인 계산

미지변수들에 대한 식이 일차연립방정식일 경우 수학적인 방법으로 계의 경우를 구분할 수 있다.

① 선형연립방정식 풀이

미지변수의 개수가 n개, 1차 방정식이 m개인 시스템을 고려한다. 일반적인 방정식의 형태는 다음과 같다.

$$a_{11}x_1+a_{12}x_2+...+a_{1n}x_n=b_1$$

$$a_{21}x_1+a_{22}x_2+...+a_{2n}x_n=b_2$$

$$a_{m1}x_1+a_{m2}x_2+...+a_{mn}x_n=b_m$$

이 방정식을 행렬식으로 나타내면 다음과 같다.

$$Ax = b$$

위 식에서 A는 방정식의 계수들로 이루어진 mxn 행렬이다.

$$A = \begin{pmatrix} a_{11} & a_{12} & \bullet\ \bullet\ \bullet & a_{1n} \\ a_{21} & a_{22} & \bullet\ \bullet\ \bullet & a_{2n} \\ \bullet & \bullet & \bullet\ \bullet\ \bullet & \bullet \\ \bullet & \bullet & \bullet\ \bullet\ \bullet & \bullet \\ a_{m1} & a_{m2} & \bullet\ \bullet\ \bullet & a_{mn} \end{pmatrix}$$

또한 x와 b는 미지변수와 상수항들의 nx1, mx1 벡터이다. 즉

$$x = \begin{pmatrix} x_1 \\ x_2 \\ \cdot \\ \cdot \\ \cdot \\ x_n \end{pmatrix} \qquad b = \begin{pmatrix} b_1 \\ b_2 \\ \cdot \\ \cdot \\ \cdot \\ b_m \end{pmatrix}$$

또한 A행렬과 상수항 벡터 b를 조합한 aug A행렬을 구성한다.

$$aug\,A = \begin{pmatrix} a_{11} & a_{12} & \cdots & a_{1n} & b_1 \\ a_{21} & a_{22} & \cdots & a_{2n} & b_2 \\ \cdot & \cdot & \cdots & \cdot & \cdot \\ \cdot & \cdot & \cdots & \cdot & \cdot \\ a_{m1} & a_{m2} & \cdots & a_{mn} & b_m \end{pmatrix}$$

② A행렬과 aug A행렬의 rank구하기.

두 행렬을 Gauss-Jordan 소거법과 pivot방법을 이용해서 1인 성분이 대각의 위치에 오도록 배열한다. 이 행렬의 대각 성분의 합을 rank라고 한다. A행렬과 augA행렬의 rank값이 따라서 주어진 방정식 시스템을 다음과 같이 분류한다.

- 일관성이 있는 경우 (Consistent Cases)

  rank of A = rank of aug A
  물질수지식 및 에너지 수지식의 풀이가 가능하다.

- 일관성이 없는 경우 (Inconsistent Cases)

  rank of A ≠ rank of aug A → insoluble cases
  물질수지식 및 에너지 수지식의 풀이가 불가능하다.

③ A행렬과 aug A행렬의 rank가 동일해서 일관성이 있는 경우

rank of A = rank of aug A

주어진 방정식 중 독립적인 방정식의 개수는 두 행렬 A와 augA의 동일한 rank 값과 같다. rank값과 초기의 방정식의 개수를 비교하면 다음과 같이 분류된다.

• rank of A = n → 즉 rank와 미지변수의 개수가 동일한 경우이며 이 경우 시스템에 대한 조건이 모두 충분히 지정된 경우이다. 각 미지변수들의 단일한 고유의 값들을 구할 수 있다.

• rank of A < n → 즉 rank보다 미지변수의 개수가 많은 경우이다. 즉 미지변수의 개수보다 미지변수 사이의 독립된 방정식의 개수가 적은 경우이므로 자유도는 0보다 크다.

$$\text{Degree of Freedom} = n - r > 0$$

여기에서 n은 미지수의 개수이며 r은 독립방정식의 개수다. 자유도의 개수 n-r만큼의 미지수의 값이 알려지면 r개의 독립방정식을 이용해서 나머지 r개의 미지수의 고유값을 계산할 수 있다.

6.2 평형시스템의 자유도 분석 (Gibbs Phase Rule)

자유도 개념을 처음 적용할 계는 여러 종류의 상이 평형상태에서 공존하는 계이다. 우선 일반적인 경우를 고려해서 Gibbs Phase Rule 식을 유도한다. 그러고 나서 이 일반적인 식을 여러 종류의 구체적인 상평형계에 적용한다.

다음 그림과 같이 P개의 상이 서로 평형에 있으며 각 상에는 C개의 성분이 함유되어 있다. 여기에서는 각 상에서 각 성분의 농도, x_{ij}와 전체 계의 온도 T와 압력 P등 세기변수 (intensive variable)만 고려한다.

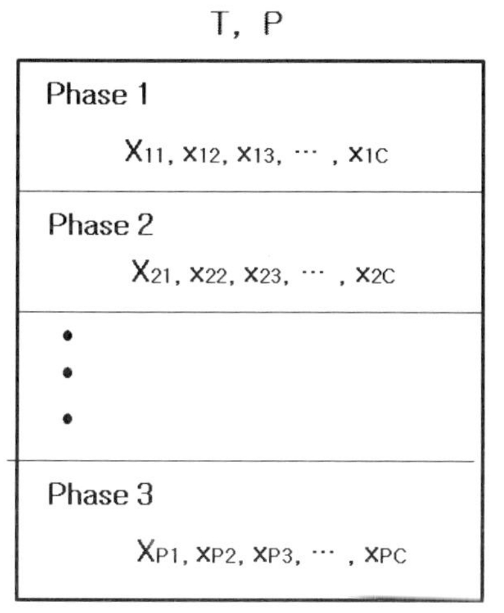

Fig. 6-1 Equilibrium system consisted of c components and p phases at constant temperature and pressure.

① 변수의 개수

위와 같이 p개의 상이 일정한 온도와 압력에서 평형을 이루고 있는 계에서, 계와 관련된 변수는 전체 계의 온도와 압력 (T, P) 그리고 각 상에서의 C개 성분들의 농도이다. 즉 계의 세기변수 (intensive variable)들의 합은 2 + cp이다.

2 변수 : T, P

cp개의 변수 : phase1: x_{11} x_{12}, x_{13}, ..., x_{1C}

phase 2 : x_{21} x_{22}, x_{23}, ..., x_{2C}

·
·
·

phase p : x_{P1}, x_{P2}, x_{P3}, ..., x_{PC}

② 방정식의 개수

위의 변수들 사이의 방정식의 개수는 다음과 같다.

$$\text{방정식의 개수} = p + c(p-1)$$

• 농도 관련 방정식: 각 상에서 성분들의 농도가 무게분율 혹은 몰분율로 나타날 경우 성분의 농도의 합은 1이다. p개의 상에서 농도들의 합은 1이므로 p개의 상에 대해서 p개의 방정식이 존재한다. 즉

$$\sum_i x_{1,i} = 1$$

$$\sum_i x_{2,i} = 1$$

.

.

.

$$\sum_i x_{p,i} = 1$$

----

p개의 방정식

• 평형방정식 : p개의 상이 평형이므로 각성분의 화학포텐셜은 모든 상에서 동일하다. 즉

component 1 : $\mu_{11} = \mu_{21} = \mu_{31} ... = \mu_{p1}$; p-1

component 2 $\mu_{12} = \mu_{22} = \mu_{32} ... = \mu_{p2}$: p-1

. .

. .

. .

component c $\mu_{1c} = \mu_{2c} = \mu_{3c} ... = \mu_{pc}$: p-1

Chemical Potential at Equilibrium; c(p-1)

위의 두 종류의 방정식의 개수의 합은 p + c(p-1)이다.

③ 위에서 설명된 변수들의 개수와 방정식의 개수의 차이가 평형계의 자유도이다. 즉

$$\text{Degree of Freedom (DF)} = 2 + pc - p - c(p-1) = 2 + c - p$$

④ 만일 각 성분들 사이에 n개의 반응이 존재한다면 추가적으로 n개의 화학반응 평형 관련식이 추가로 존재한다. 이 평형 관련 식은 농도들의 함수인 n개의 평형상수(K) 이다. 평형상수는 온도만의 함수이다. 또한 평형상수는 반응물질의 농도의 화학반응계수의 지수승의 곱으로 나타낸다. 즉

$$각\ 반응마다의\ 평형상수식\ K(T) = \prod_i a_i(x_i)^{\nu_i}$$

따라서 Degree of Freedom (DF) = 2 + pc - p - c(p-1)
= 2 + c - p - n

예제 6-1

다음의 평형 계에 대한 자유도를 계산하라.

① 2성분 단일 상 계

- 두개의 성분이 혼합되어 있는 액체 혹은 기체 단일상의 경우 계의 온도 (T), 압력 (P), 각 성분의 농도 (x_1, x_2)등 총 4개의 세기변수 (intensive variable)가 존재한다.

- 이 계에서 세기변수 (intensive variable)사이의 방정식은 단 하나이다. 즉

$$\sum_i x_i = x_1 + x_2 = 1$$

- 자유도 : 변수의 개수와 독립방정식의 개수의 차이인 4 - 1 = 3.

- Gibbs phase rule을 적용하면 c = 2, p = 1이므로

DF = 2 + c - p = 2 + 2 - 1 = 3이다.

4개의 세기변수 (intensive variable) 중 3개 변수의 값이 주어질 경우 나머지 한개 변수의 값을 구할 수 있다. 그러나 값을 지정하는 3개의 세기변수 (intensive variable)를 선택할 경우 x_1과 x_2는 위의 식에 포함되어 있기 때문에 서로 독립된 변수가 아니므로 동시에 선택되어서는 안 된다. 즉 T, P, x_1은 지정될 수 있으나 T, x_1, x_2의 값이 지정되어서는 안 된다.

② 2성분 2상 (two-phases) 계

다음에는 화학공정에서 가장 자주 보게 되는 두개의 성분이 액체와 기체 두 성분에 혼합되어 있는 평형 계를 고려해 본다. 예를 들면 benzene과 toluene이 혼합되어 있는 기체-액체상이 있다.

- 6개의 세기변수 (intensive variable) : 계의 온도 (T), 압력 (P), 기체상에서 각 성분의 농도 (y_1, y_2), 액체상에서 각 성분의 농도 (x_1, x_2)

- 4개의 방정식 :

기체상에서 성분농도의 합 : $\sum_i y_i = y_1 + y_2 = 1$

액체상에서 성분농도의 합 : $\sum_i x_i = x_1 + x_2 = 1$

성분1의 액체-기체상 평형식 : $\mu_{1,\,gas} = \mu_{1,\,liquid}$

성분2의 액체-기체상 평형식 : $\mu_{2,\,gas} = \mu_{2,\,liquid}$

위의 두 상평형식으로부터 뒤에 자세하게 배우게 될 두개의 Raoult의 식이 유도되고 이 식들이 실제 계산에 사용된다.

성분1에 대한 Raoul식 : $y_1 P = x_1 P_1^*(T)$

성분2에 대한 Raoul식 : $y_2 P = x_2 P_2^*(T)$

위 식들에서 $P_1^*(T)$과 $P_2^*(T)$는 각각 온도 T에서 성분 1과 2의 포화증기압이다.

- 자유도 : 자유도는 변수의 개수와 독립방정식의 개수의 차이인 6-4 = 2이다.

- Gibbs phase rule을 적용하면 c = 2, p = 2이므로

$$DF = 2 + c - p = 2 + 2 - 2 = 2$$

6개의 세기변수 (intensive variable) 중 2개 변수의 값이 주어질 경우 나머지 4개 변수의 값을 위의 4개 식을 이용해서 구할 수 있다.

그러나 이 경우 역시 값을 지정하는 2개의 세기변수 (intensive variable)를 선택할 경우 x_1과 x_2 또는 y_1과 y_2는 독립된 변수가 아니므로 동시에 값을 지정하면 안 된다.

③ 성분사이에 가역반응이 있는 2성분 단일 상 계

- 액체 혹은 기체 단일 상에 혼합되어 있는 두개의 성분 사이에 가역반응이 존재할 경우 역시 계의 온도 (T), 압력 (P), 각 성분의 농도 (x_1, x_2)등 총 4개의 세기변수 (intensive variable)가 존재한다.

- 이 계에서 세기변수 (intensive variable)사이의 방정식은 2개이다. 즉

$$\text{각 성분의 농도의 합} : \sum_i x_i = x_1 + x_2 = 1$$

$$\text{각 성분사이의 평형상수} : K(T) = a_1^{\nu_1} a_2^{\nu_2}$$

위의 평형상수식에서 a_1과 a_2는 성분1과 성분2의 활동도 (activity)이고 ν_1과 ν_2는 성분1과 성분2의 화학반응계수이다.

- 자유도 : 변수의 개수와 독립방정식의 개수의 차이인 4 - 2 = 2.

- Gibbs phase rule을 적용하면 c = 2, p = 1, n = 1 이므로

$$DF = 2 + c - p - n = 2 + 2 - 1 - 1 = 2$$

4개의 세기변수 (intensive variable) 중 2개 변수의 값이 주어질 경우 나머지 2개 변수의 값을 구할 수 있다. 그러나 두 변수 x_1, x_2는 서로 독립변수들이 아니므로 동시에 값이 지정되어서는 안 된다.

제 2 부 공정변수와 관계식

7장 공정변수

이 장에서는 중요한 공정변수인 유량, 농도, 온도, 압력에 대해서 보다 자세히 설명한다.

7.1 유량

유량이란 물질이 관내부에서 전달되는 속도를 말한다. 유량은 다음 그림과 같이 흐름방향에 수직인 단면 (cross sectional area)을 통과하는 물질의 전달속도이다.

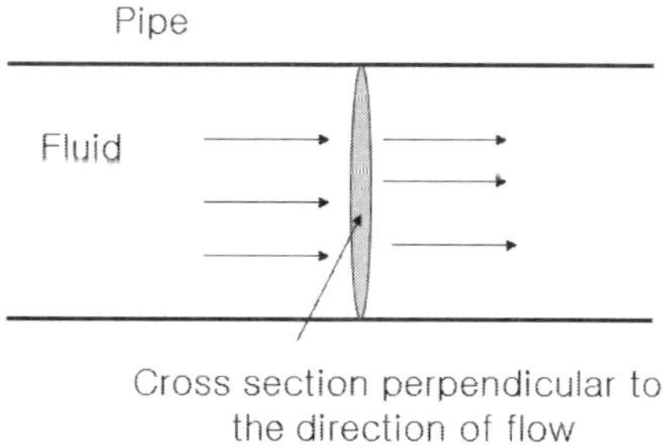

질량유속 (m)의 단위 : (kg/s)
부피유속 (V)의 단위 : (m^3/s)

질량유속과 부피유속의 관계는 다음식과 같다.

$$\dot{m} = \rho \dot{V}$$

또한 질량유속은 물질의 밀도 (e), 선속도 (u), 관의 수직단면적 (S)과 다음관계에 있다.

$$\dot{m} = \rho u S$$

정상상태에서 관내부의 질량유속은 관의 단면적의 크기 및 위치에 관계없이 항상 일정하다. 정상상태에서 관의 단면적의 크기가 다음과 같이 변할 경우를 고려해보자.

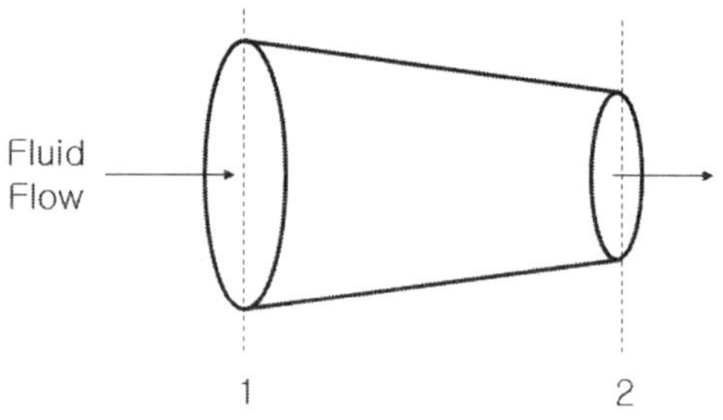

두 지점 1, 2에서 질량유속은 다음과 같다.

$$\dot{m}_1 = \rho_1 u_1 S_1 = \rho_1 \dot{V}_1$$
$$\dot{m}_2 = \rho_2 u_2 S_2 = \rho_2 \dot{V}_2$$

정상상태에서 두 지점에서 질량유속은 같으므로

$$\rho_1 u_1 S_1 = \rho_2 u_2 S_2$$

또는

$$\rho_1 \dot{V}_1 = \rho_2 \dot{V}_2$$

관 내부를 흐르는 물질이 액체일 경우에는 밀도가 일정하다고 가정할 수 있으므로 부피유속도 일정하다. 즉

$$\rho_1 = \rho_2 \rightarrow \dot{V}_1 = \dot{V}_2$$

그러나 관 내부를 흐르는 물질이 기체일 경우에는 밀도가 일정하지 않으므로 두 지점에서 부피유속은 서로 다르다. 즉

$$\rho_1 \neq \rho_2 \rightarrow \dot{V}_1 \neq \dot{V}_2$$

7.2 농도

1 몰 (Number of Moles, mol)

대상 물질이 혼합물질일 경우 각 물질의 양을 나타내기 위해서 사용되는 기본적인 단위는 질량과 mol이다.

1 mol은 탄소원자의 원자량에 해당하는 무게인 탄소 12 g 을 기준으로 정의된다. 또 다른 정의는 입자의 개수가 Avogadro개수 즉 $6x10^{23}$개일 경우를 1 mol로 정의한다. 따라서 탄소원자 1 mol의 무게는 12 g이고 12 g의 탄소에는 Avogadro수와 같은 $6x10^{23}$ 개의 탄소원자가 존재한다. 탄소 이외의 원소의 경우는 각 원소의 원자량에 해당하는 질량이 1 mol이 되며 이 질량에는 각 원소가 $6x10^{23}$ 개 존재한다. 한개 이상의 원자로 이루어진 화합물의 경우에는 각 원자의 원자량의 합이 화합물의 분자량이며 각 화합물 1

mol은 그 화합물의 분자량에 해당하는 gram 질량과 동일하다.

예제 7-1

화합물 benzene, toluene, ethanol 각 100 g의 분자량, mol수, 분자의 개수를 각각 구하시오.

풀 이

① Benzene

화학식 : C_6H_6

분자량 : 12x6+1x6 = 78

mol수 : $\frac{100\,g}{} \frac{1\,mol}{78\,g} = 1.282\,mol$

분자의 개수 : $\frac{1.282\,mol}{} \frac{6\times 10^{23}}{1\,mol} = 7.692\times 10^{23}$

② Toluene

화학식 : C_7H_8

분자량 : 12x7+1x8 = 92

mol수 : $\frac{100\,g}{} \frac{1\,mol}{92\,g} = 1.087\,mol$

분자의 개수 : $\frac{1.087\,mol}{} \frac{6\times 10^{23}}{1\,mol} = 6.522\times 10^{23}$

③ Ethanol

화학식 : C_2H_5OH

분자량 : 12x2+1x6+16x1 = 46

mol수 : $\frac{100\,g}{} \frac{1\,mol}{46\,g} = 2.174\,mol$

$$분자의\ 개수: \frac{2.174\,mol}{}\frac{6\times10^{23}}{1\,mol} = 13.04\times10^{23}$$

② 혼합물의 농도

대부분의 화학공정에서는 두개 이상의 물질이 혼합되어 있는 혼합물이 다루어진다. 혼합물 내에서 각 물질의 농도는 중요한 공정변수이다. 물질의 농도를 나타내는 방법은 여러 가지가 있으나 여기에서는 다음과 같이 가장 자주 사용되고 있는 농도 단위에 대해서 설명한다.

- 몰분율 (mole fraction)
- 질량분율 (mass fraction)
- 몰농도 (molarity)
- 몰랄농도 (molality)
- ppm (parts per million)

① 몰분율 (mole fraction, yi)

각 화학물질의 mol수를 혼합물을 구성하고 있는 모든 화학물질들의 mol수의 합에 대한 비율로 나타낸 것이 몰분율이다. 혼합물의 모든 화학물질의 몰분율의 합은 1이 된다. 또한 몰분율 값은 단위가 없다. 몰분율은 주로 기체혼합물의 조성을 나타내기 위해서 사용되는 단위다.

$$y_i = \frac{moles\ of\ component\ i}{total\ moles\ of\ mixture}$$

$$\sum_i y_i = 1$$

② 질량분율 (mass fraction, xi)

질량분율은 혼합물을 구성하고 있는 각 화학물질의 질량을 전체 혼합물의 질량에 대한 비율로 나타낸 것이다. 각 화학물질의 질량분율의 합 역시 1이다. 질량분율 역시 단위가 없는 값이다. 질량분율은 주로 액체혼합물과 고체혼합물의 조성을 나타내기 위해서 사용되는 단위다.

$$x_i = \frac{mass\,of\,component\,i}{total\,mass\,of\,mixture}$$

$$\sum_i x_i = 1$$

예제 7-2

물 200 g, ethanol 200 g, methanol 100 g이 섞여 있는 액체혼합물에 대해서 각 성분물질의 몰분율과 질량분율을 구하시오.

풀 이 이 혼합물에 포함되어 있는 각 화학물질의 분자량을 구한 후 다음과 같은 분석표를 작성한다.

Component	MW	Mass	mol	몰분율(y_i)	질량분율 (x_i)
Water (H_2O)	18	200 g	$\frac{200\,g}{}\frac{1\,mol}{18\,g} \approx 11.1\,mol$	0.60	0.4
Ethanol (C_2H_5OH)	46	200 g	$\frac{200\,g}{}\frac{1\,mol}{46\,g} \approx 4.35\,mol$	0.23	0.4
Methanol (CH_3OH)	32	100 g	$\frac{100\,g}{}\frac{1\,mol}{32\,g} \approx 3.13\,mol$	0.17	0.2
총무게 =		500 g	총 mol수 = 18.58 mol	$\sum_i y_i = 1$	$\sum_i x_i = 1$

※ 이 혼합물의 평균분자량은 총무게를 총 mol수로 나눈 값이다.

평균분자량 : $\overline{M} = \frac{total\,mass}{total\,moles} = \frac{500\,g}{18.58\,moles} = 26.9\,g/mol$

예제 7-3

공기 (air)는 부피기준으로 79%의 질소분자와 21%의 산소분자 가 혼합되어 있다. 공기에 함유되어 있는 질소와 산소의 몰분율과 질량분율을 각각 구하여라. 그리고 공기의 평균분자량을 계산하라.

풀 이 공기에 포함되어 있는 질소와 산소의 분자량을 구한 후 다음과 같은 분석표를 작성한다. 이상기체의 경우 부피%와 mol%는 같다.

계산 기준 : 100 mol의 공기

Component	MW	mol	Mass	몰분율 (y_i)	질량분율 (x_i)
N_2	28	79	$\frac{79}{} \frac{28\,g}{1\,mol} = 2{,}212\,g$	0.79	0.77
O_2	32	21	$\frac{21}{} \frac{32\,g}{1\,mol} = 672\,g$	0.21	0.23
총mol수 = 100 mol			총무게=2,884 g	$\sum_i y_i = 1$	$\sum_i x_i = 1$

※ 평균분자량 : $\overline{M} = \frac{total\,mass}{total\,moles} = \frac{2{,}884\,g}{100\,moles} = 28.84\,g/mol$

③ 몰농도 (Molarity, Mi)

몰농도 (M)는 각 화학물질의 mol수를 전체용액의 부피 (L)로 나눈 값이다. 몰농도의 단위는 mol/L이다

$$M_i = \frac{moles\,of\,component\,i}{total\,volume\,(L)}$$

④ 몰랄농도 (molality, mi)

몰랄농도 (m)는 각 성분의 mol수를 용매의 질량으로 나눈 값이다. 몰랄농도의 단위는 mol/kg이다. 용액의 부피는 온도에 따라서 변할 수 있으므로 몰랄농도를 사용하면

보다 정확한 농도를 나타낼 수가 있다.

$$m_i = \frac{moles\,of\,component\,i}{mass\,of\,solvent\,(kg)}$$

예제 7-4

물 2,000 g에 포도당 100 g이 혼합되어 있는 혼합물에서 포도당의 몰농도와 몰랄농도를 구하시오.

풀 이 이 혼합물의 부피를 2.1 L로 가정한다. 각 화학물질의 분자량을 구한 후 다음과 같은 분석표를 작성한다.

Component	MW	Mass	mol	mol/L	mol/kg
물 (H_2O)	18	2,000 g	$\frac{2,000g}{} \frac{1mol}{18g} \approx 111.1mol$	52.9	-
포도당 ($C_6H_{12}O_6$)	180	100 g	$\frac{100g}{} \frac{1mol}{180g} \approx 0.56mol$	0.27	0.28
총무게 = 2,100 g			총 mol수=111.66 mol		

물농도 = 0.56 mol/2.1 L = 0.27 M

물랄농도 = 0.56 mol/2 kg H_2O = 0.28 mol/kg

⑤ ppm (parts per million)

혼합물 내에서 농도가 아주 낮은 화학물질의 농도를 나타내기 위해서 사용되는 농도단위이다.

1 ppm = 혼합물 전체 입자의 개수 1백만 개 중 1개

• 액체 혼합물의 경우

액체혼합물에서 농도가 낮은 어느 한 성분의 ppm은 이 성분의 질량분율에 일백만 (106)을 곱한 값으로 대략적으로 나타낸다. 즉

$$ppm = x \text{ (mass fraction) x } 10^6$$

따라서 근사적으로 1 ppm = 1 mg component/1 kg solution이다. 수용액에서 농도가 낮은 성분의 경우 1 ppm = 1 mg/L와 가깝다. 예를 들면 페놀의 농도가 10 ppm인 수용액에서 페놀의 함량은 수용액 1 L당 거의 10 mg이다.

• 기체 혼합물의 경우

기체혼합물에서 농도가 낮은 어느 한 성분의 ppm은 이 성분의 몰분율에 일백만 (10^6)을 곱한 값으로 대략적으로 나타낸다. 즉

$$ppm = y \text{ (mole fraction) x } 10^6$$

예제 7-5

대기 중 SO_2의 농도가 10 ppm이다. 이 대기에서 SO_2의 함량을 몰분율로 나타내시오.

풀 이

$$SO_2\text{의 몰분율} = 10 \text{ x } 10^{-6}$$

7.3 압력

압력은 단위면적에 수직방향으로 가해지는 힘으로 정의한다. 압력의 표준단위는 N/m^2이고 유도단위는 Pa (Pascal)이다. 즉 $1\ N/m^2 = 1\ Pa$이다.

그러나 실제로는 Pa이외에 다음과 같이 다양한 압력단위가 사용되고 있다.

1 atm = 대기압력 (1 기압)

$1\ psi = 1\ell b_f/in^2$

압력을 나타내는 액체의 높이 (head) : mmHg (수은의 높이)

관 내부에서 관에 차있는 액체의 높이 (h)와 관의 밑면이 받는 압력 (p)의 관계를 나타내는 공식은 다음과 같다.

① 관의 윗부분 닫혀있고 진공일 경우

액체의 부피는 hA이고 액체의 무게는 ρhAg이다. 여기에서 ρ는 액체의 밀도, A는 관의 단면적, g는 중력가속도이다. 관의 밑면이 받는 압력은 단위 단면적 당 무게와 같다. 따라서

$$P = mg/A = \rho hAg/A = \rho hg$$

② 관의 윗부분이 대기에 열려있을 경우

관의 위부분이 대기에 열려있을 경우에는 관의 밑 부분의 압력은 액체에 의한 압력과 대기압 (P_o)의 합과 같다. 즉

$$P = \rho hg + P_o$$

예제 7-6

다음과 같이 해수면 높이에서 1 atm은 수은 760 mm와 같은 760 mmHg로 나타낸다. 1 atm을 Pa, psi, 물의 높이 m H_2O의 단위로 나타내라. 물의 밀도는 1,000 kg/m^3, 수은의 밀도는 13,595 kg/m^{3}이다.

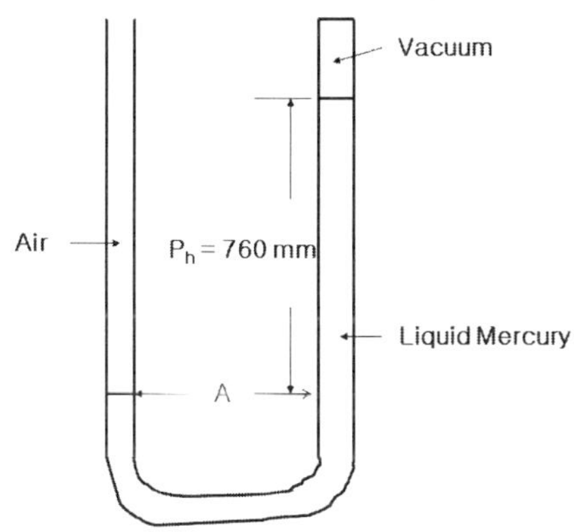

풀 이

① 위의 그림에서 A지점에서 오른쪽의 대기에 의한 압력과 왼쪽의 액체수은에 의한 압력은 같다. 단위 단면적 1 m^2 당 액체수은의 무게는 즉 압력은 다음식과 같이 구한다.

$$P = \rho g h = \frac{13{,}595\,kg}{m^3}\,\frac{760\,mm}{}\,\frac{1\,m}{1{,}000\,mm}\,\frac{9.8\,m}{s^2}\,\frac{1\,N}{1\,kg\,m/s^2}$$

$$= 101{,}256\ \mathrm{N/m^2}$$
$$= 1.01 \times 10^5\ \mathrm{Pa}$$

위의 압력은 1 atm과 같다. 따라서

$$1\ \mathrm{atm} = 1.01 \times 10^5\ \mathrm{Pa}$$

② 만일 액체수은 대신 물이 사용된다면 1 atm에 해당하는 물의 높이는 다음식과 같이 구한다.

1 atm = 101,256 N/m^2

$$= \frac{1{,}000\,kg}{m^3}\frac{h\,(m)}{}\frac{9.8\,m}{s^2}\frac{1\,N}{1\,kg\,m/s^2}$$

h = 10.3 m H_2O

③ 1 atm을 미국 단위인 psi로 바꾸는 방법은 다음식과 같다.

1 atm = 1.01 x 10^5 N/m^2

$$= \frac{1.01\times 10^5\,N}{m^2}\frac{1\,kg\,m\,s^{-2}}{1\,N}\frac{1\,lb_m}{0.454\,kg}\frac{(1\,m)^2}{(3.281\times 12\,inch)^2}$$

$$\times\frac{32.174\,ft\,s^{-2}}{9.8\,m\,s^{-2}}\frac{1\,lb_f}{32.174\,lb_m\,ft\,s^{-2}}$$

= 14.64 lb_f/in^2

= 14.64 psi

7.4 온도

1 온도 단위 (Scale)

온도를 나타내기 위한 단위로는 상대적인 온도를 나타내기 위한 섭씨(℃)와 화씨(°F), 절대온도를 나타내기 위한 °K와 °R이 있다. 각 온도 scale은 다음과 같이 정의된다.

① 섭씨온도 (Celsius)

1 atm에서 액체 H_2O의 어는 온도를 0℃, 끓는 온도를 100℃로 지정한다. 또한 물의 어는 온도와 끓는 온도사이를 100등분 하여 각 등분을 1℃ 차이인 단위온도차 1Δ℃로 지정한다. 절대온도 0도는 -273.15℃ 이다.

② 화씨온도 (Fahrenheit)

1 atm에서 액체 H_2O의 어는 온도를 32 °F , 끓는 온도를 212 °F로 지정한다. 또한 물의 어는 온도와 끓는 온도사이를 180등분 하여 각 등분을 1 °F 차이인 단위온도차 1Δ°F로 지정한다. 절대온도 0도는 -459.67 °F이다.

③ 절대 온도 °K (Kelvin)

절대 온노 0에서 0 °K이며 단위온도치 1Δ°K의 크기는 섭씨온도의 단위온도 차 1Δ℃와 같다. 1 atm에서 물의 어는 온도 0℃는 절대온도로 273.15℃ 이다.

④ 절대온도 °R (Rankine)

절대 온도 0에서 0 °R이며 단위온도차 1Δ°R의 크기는 화씨온도의 단위온도 차 1Δ°F와 같다. 1 atm에서 물의 어는 온도 32°F는 절대온도로 491.67°R이다.

위에서 설명한 2종류의 상대온도단위와 2종류의 절대온도 단위 사이의 관계는 다음 그림과 같다.

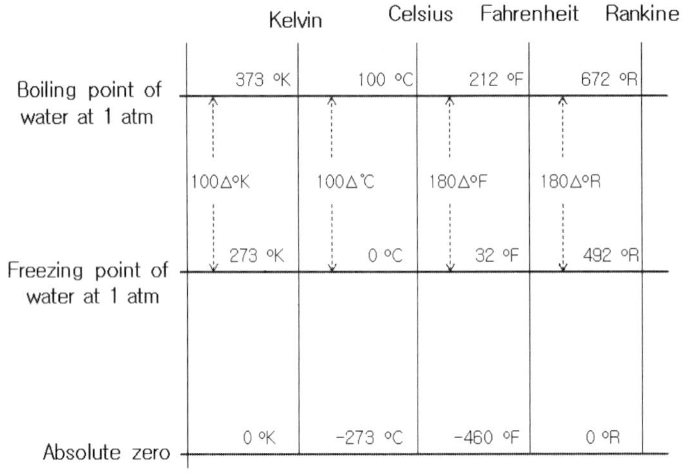

Fig. 7-1 Comparison of four different units for temperature.

2 온도단위 사이의 관계식

네 가지 온도단위 사이의 관계식은 위의 그림으로부터 구할 수 있다. 우선 단위 온도 차이의 크기가 같은 상대온도단위와 절대온도단위 사이의 관계는 다음과 같다.

$$T(°K) = T(℃) + 273$$
$$T(°R) = T(°F) + 460$$

단위온도차이의 크기가 서로 다른 섭씨온도와 화씨온도 사이의 관계식은 다음과 같다.

$$T(°F) = aT(℃) + b$$

1 atm에서 물의 어는 온도가 0 ℃ 또는 32 °F이므로 위 식에서 b = 32이다. 또한 1 atm에서 물의 끓는 온도가 100 ℃ 또는 212 °F이므로

$$212 = 100\ a + 32$$
$$a = 1.8$$

따라서

$$T(^\circ F) = 1.8T(℃) + 32$$

단위온도차이의 크기가 서로 다른 두 절대온도 사이의 관계식은 다음과 같다.

$$T(^\circ R) = a' \ T(^\circ K) + b'$$

절대온도 0에서 두 절대온도의 값은 모두 0이므로 b′ = 0이다. 또한 1 atm에서 물의 어는 온도가 273 °K 또는 492 °R이므로

$$492 = 273\ a'$$

$$a' = 1.8$$

따라서

$$T(^\circ R) = 1.8T(^\circ K)$$

지금까지의 결과를 정리하면 각 온도단위 사이의 관계식들은 다음과 같다.

$$T(^\circ K) = T(^\circ C) + 273$$
$$T(^\circ R) = T(^\circ F) + 460$$
$$T(^\circ F) = 1.8\ T(^\circ C) + 32$$
$$T(^\circ R) = 1.8\ T(^\circ K)$$

3 단위온도차의 변환인자

많은 종류의 물성은 온도에 따라서 변화한다. 대표적인 예는 열용량 (heat capacity)

이다. 열용량은 단위무게의 물질을 단위온도차 만큼 가열하기 위해서 필요한 에너지이다. 이러한 물성들의 단위는 단위온도 차이를 분모로 가지게 된다. 예를 들면 열용량의 단위는 J/ (kg℃)이다. 이때 분모의 단위온도차이의 단위는 1Δ℃ 대신 ℃로 단순화하여 나타낸다. 이러한 물성들의 온도단위를 다른 온도단위로 변환하기 위해서 다음과 같은 각 온도단위 사이의 단위온도차에 대한 변환인자를 사용한다.

$1\Delta°C = 1\Delta°K$
$1\Delta°F = 1\Delta°R$
$1\Delta°C = 1.8 \times 1\Delta°F$
$1\Delta°K = 1.8 \times 1\Delta°R$

4 온도 단위의 변환

온도에 의존하는 물성들의 단위 및 온도에 대한 함수식에서 온도의 단위를 변환하는 방법은 두 가지이다. 우선 온도가 변수인 함수식에서는 위의 각 온도단위 사이의 관계식을 이용한다. 그리고 단위온도차에 대한 물성 값의 단위에서 분모에 나타나는 단위온도차의 온도단위를 변환하기 위해서는 단위온도 차이 사이의 변환인자를 이용한다.

예제 7-7

고체 calcium carbide (CaC_2)의 1 mol 당 열용량 (C_p)은 절대온도 T (°K)에 대해서 다음과 같은 식으로 나타낼 수 있다.

$$C_p\left(\frac{kJ}{mol\,K}\right) = 68.62 \times 10^{-3} + 1.19 \times 10^{-5}\ T(^oK)$$

① C_p의 단위가 kJ/(mol °F)로 변환되고 온도 T는 °K로 사용될 경우의 식을 구하시오.
② C_p의 단위가 kJ/(mol °C)로 유지되고 온도 T가 °F로 변환될 경우의 식을 구하시오.

③ C_p의 단위가 kJ/(mol °F)로 온도 T는 °F로 변환될 경우의 식을 구하시오.

풀 이

① C_p의 단위가 kJ/(mol °F)로 변환되고 온도 T는 °K로 사용될 경우에는 단위온도차의 변환인자를 적용한다.

$$C_p{}' = [68.62\times10^{-3} + 1.19\times10^{-5}\ T(^oK)]\frac{kJ}{mol\ ℃}\frac{℃}{1.8°F}$$

$$= [38.12\times10^{-3} + 0.66\times10^{-5}\ T(^oK)]\frac{kJ}{mol\ °F}$$

② C_p의 단위가 kJ/(mol °C)로 유지되고 온도 T가 °F로 변환될 경우에는 다음과 같이 화씨와 절대온도 °K 온도단위사이의 관계식을 적용한다.

$$T(^oR) = 1.8\ T(^oK)$$

$$T'(°F) + 460 = T(^oR) = 1.8\ T(^oK)$$

$$T(^oK) = \frac{T'(°F) + 460}{1.8}$$

이 식을 원래의 열용량 식에 대입한다.

$$C_p(\frac{kJ}{mol\ ^\circ K}) = 68.62\times10^{-3} + 1.19\times10^{-5}\ T(^oK)$$

$$= 68.62\times10^{-3} + 1.19\times10^{-5}\frac{T'(°F) + 460}{1.8}$$

$$= 71.66\times10^{-3} + 0.66\times10^{-5}\ T'(°F)$$

이 식에서 계산결과인 열용량 값의 단위는 kJ/(mol °C)로 원래의 열용량 단위와 같다.

③ C_p의 단위가 kJ/(mol °F)로 온도 T는 °F로 변환될 경우 ②번 문제의 풀이 식 전체에 단위온도차의 변환인자를 적용한다. 즉

$$C_p' = [71.66 \times 10^{-3} + 0.66 \times 10^{-5}\, T'\,(°F)]\,\frac{kJ}{mol\,℃}\,\frac{℃}{1.8°F}$$

$$= [39.81 \times 10^{-3} + 0.37 \times 10^{-5}\, T'\,(°F)]\,\frac{kJ}{mol\,°F}$$

최종적으로

$$C_p(\frac{kJ}{mol\,°F}) = 39.81 \times 10^{-3} + 0.37 \times 10^{-5}\, T(°F)$$

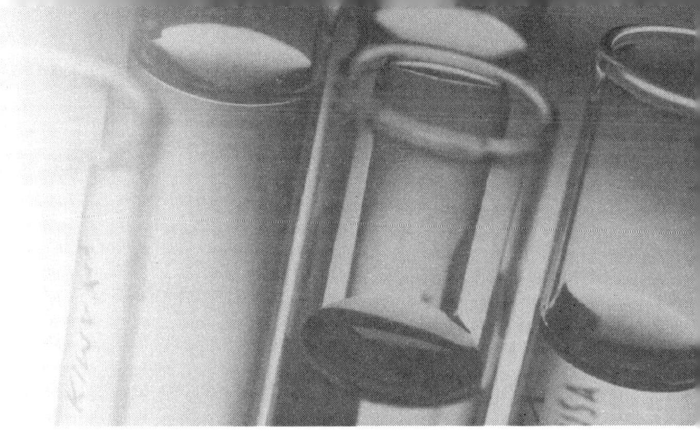

8장 기체방정식

공정 내의 물질이 기체일 경우 공정변수인 온도 (T)와 압력 (P)은 서로 독립적으로 변화할 수 없다. 대신 온도와 압력변수의 관계는 기체상태방정식에 의해서 나타내진다. 기체상태방정식의 형태는 기체가 이상기체인지 비이상기체 (nonideal gas)인지에 따라서 달라진다. 또한 공정 내 기체가 존재할 경우 공정의 자유도가 기체상태 방정식의 개수만큼 줄어든다.

8.1 이상기체 (Ideal Gas) 방정식

이상기체란 기체분자들 자체가 차지하는 부피가 전체부피에 비해서 무시할 만큼 작고, 분자 상호간의 거리가 매우 멀리 떨어져 있어서 분자 사이의 인력 및 반발력이 존재하지 않을 경우를 말한다. 이러한 조건은 기체의 압력이 낮고 온도가 높을 경우 만족된다. 이상기체의 경우 온도와 압력의 관계식은 간단한 이상기체 상태방정식으로 나타낸다.

$$P = \frac{\dot{n}RT}{\dot{V}} \quad \text{또는} \quad \frac{P\dot{V}}{\dot{n}RT} = 1$$

이 식에서 R은 기체상수이며 그 값은 다음과 같이 일정하다.

$$R = 0.082 \frac{L\,atm}{mol\,K}$$

$$= 8.314 \frac{J}{mol\,K}$$

위식에서 $\dot{V}$는 기체의 부피유속이며 $\dot{n}$은 기체의 mol 유속이다.

예제 8-1

질소 (N_2) 가스가 50℃에서 100 g/s 의 속도로 pipe 내에서 흐르고 있다. 이 기체의 압력이 2 atm 일 때 부피흐름 속도를 m^3/s의 단위로 구하라. 단 질소 가스는 이상기체로 가정한다.

풀 이

이상기체방정식을 이용한다.

$$P = \frac{\dot{n}RT}{\dot{V}} \rightarrow \dot{V} = \frac{\dot{n}RT}{P}$$

N_2의 분자량 = 28

$$\dot{n} = \frac{100\,g}{s} \frac{1\,mol}{28\,g} = 3.57\,mol/s$$

$$\dot{V} = \frac{\dot{n}RT}{P} = \frac{3.57\,mol}{s}\frac{0.082\,L \cdot atm}{mol \cdot {}^{\circ}K}\frac{(273+50)^{\circ}K}{2\,atm}\frac{1\,m^3}{1{,}000\,L}$$

$$= 0.0473\,m^3/s$$

8.2 비이상기체 (Nonideal Gas) 방정식

기체의 압력이 매우 높거나 온도가 매우 낮을 경우, 전체부피에 비해서 기체분자들 자체가 차지하는 부피가 무시할 수 있을 정도로 작지 않고 분자 사이의 거리가 짧아서 분자 사이에 인력 혹은 반발력이 존재하게 된다. 이러한 상태의 기체를 비이상기체라고 부른다. 비이상기체의 경우에는 이상기체의 경우와 같은 간단한 상태방정식이 적용되지 않으며 보다 복잡한 관계식들이 사용된다. 즉 비이상기체의 경우,

$$P \neq \frac{\dot{n}RT}{\dot{V}} \text{ 또는 } \frac{P\dot{V}}{\dot{n}RT} \neq 1$$

공정 내 비이상기체들의 경우에 온도, 압력, 부피흐름속도 사이의 관계식을 나타내기 위해서는 다음의 세 가지 방법이 사용된다. 이들 세 가지 방법은 각각의 장단점이 존재하므로 적절한 방법을 사용해야한다.

① Compressibility Factor (z) 사용법

이 방법에서는 다음과 같이 이상기체방정식을 그대로 사용한다. 그러나 PV/RT값을 1 대신 z라는 부호의 compressibility factor로 나타낸다. 이상기체의 경우 z = 1이며 비이상기체의 경우 z값은 1보다 크거나 작다.

$$z = \frac{P\overline{V}}{RT} \neq 1$$

다음 그림에는 일정한 온도에서 압력이 증가함에 따라서 z값이 변화하는 모양을 대표적인 기체에 대해서 나타내었다.

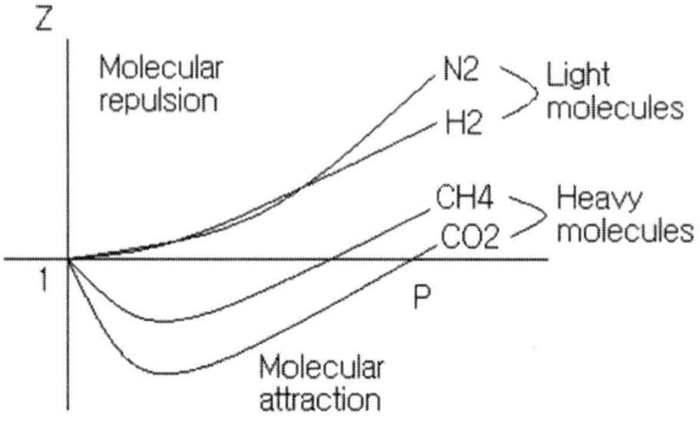

Fig. 8-1 Dependence of compressibility factors of gases on pressure when temperature is constant.

질소나 수소와 같은 가벼운 기체의 경우에는 압력이 증가할 수 록 z값도 1이상으로 점차 증가한다. 그러나 이산화탄소나 메탄등과 같은 무거운 기체의 경우에는 압력이 증가하는 초기에는 분자 사이에 인력이 생성되어 z값이 오히려 1보다 작게 줄어든다. 압력이 더욱 증가하면 분자 사이에 반발력이 생성되게 되어 z값이 증가세로 돌아선 후 아주 높은 압력에서는 z값이 1보다 크게 된다. 이러한 현상은 London의 dispersion force라고 부르며 분자의 순간쌍극자와 유도쌍극자 사이의 인력과, 분자핵 사이의 반발력으로 설명된다.

Compressibility factor를 사용하는 방법에서 식의 형태는 이상기체와 동일하여 간단하다. 그러나 z 값은 온도, 압력 및 분자의 종류에 따라서 복잡하게 변화하므로 많은 데이터 chart가 필요하다는 단점이 있다.

② Virial Equations

• Kamerlingh Onnes식

이 식의 형태는 다음과 같다.

$$z = \frac{P\overline{V}}{RT} = 1 + \frac{B(T)}{\overline{V}} + \frac{C(T)}{\overline{V}^2} + \cdots$$

이 식은 보통 우변의 3번째 항까지 사용된다. 이 때 두개의 계수, B (T)와 C (T)는 각각 second virial coefficient와 third virial coefficient라고 불린다. 이 두 계수들은 물질의 종류와 온도의 함수이다. 다음 표에는 25℃ 에서 두 계수들의 값을 나타내었다.

Table 8-1 Second and third virial coefficients of gases at 298.15K

Gas	$B/10^{-6}m^3mol^{-1}$	$C/10^{-12}m^6mol^{-2}$
H_2	14.1	350
He	11.8	121
N_2	-4.5	1100
O_2	-16.1	1200
Ar	-15.8	1160
CO	-8.6	1550

- Holborn식

Holborn식은 다음과 같이 압력의 지수승의 전개식이 이용된다. 이 식 역시 우변의 세번째 전개 항까지 사용되며 이 때 두개의 계수인 B' (T)와 C' (T)를 사용한다. 이 두개의 계수들 역시 물질의 종류와 온도의 함수이다.

$$z = \frac{P\overline{V}}{RT} = 1 + B^{'}(T)P + C^{'}(T)P^2 + \cdots$$

- Kamerlingh Onnes식과 Holborn식의 계수들 사이의 관계식

위의 두 종류의 virial전개식에 사용되는 두 종류의 계수들 사이에는 관계식이 존재한다. 이들 관계식은 다음과 같은 과정을 통해서 구할 수 있다. 즉 Kamerlingh Onnes식으로부터,

$$z = \frac{P\overline{V}}{RT} = 1 + \frac{B(T)}{\overline{V}} + \frac{C(T)}{\overline{V}^2} + \cdots$$

$$P = \frac{RT}{\overline{V}} + \frac{BRT}{\overline{V}^2} + \frac{CRT}{\overline{V}^3} + \cdots$$

$$P^2 = \left(\frac{RT}{\overline{V}}\right)^2 + \frac{2B(RT)^2}{\overline{V}^3} + \cdots$$

위의 압력에 대한 일차식과 이차식을 Holborn식에 대입하면,

$$z = \frac{P\overline{V}}{RT} = 1 + B'(T)P + C'(T)P^2 + \cdots$$

$$z = 1 + B'\left(\frac{RT}{\overline{V}}\right) + \frac{B'BRT + C'(RT)^2}{\overline{V}^2} + \cdots$$

이 식을 원래의 Kamerlingh Onnes식과 비교하면 다음과 같은 관계식을 구할 수 있다.

$$B = B'RT$$

$$C = BB'RT + C'(RT)^2$$

따라서 두 종류의 계수들 사이에는 다음과 같은 관계식이 존재한다.

$$B' = B/RT$$

$$C' = \frac{C - B^2}{(RT)^2}$$

③ Van der Waals식

비이상기체의 상태방정식으로서 가장 유명한 식은 van der Waals식이다. 이 식에서는 이상기체와 비이상기체의 두 가지 차이점 즉 기체분자들 자체의 부피와 기체분자

사이의 상호작용을 나타내기 위한 상수를 이상기체 식에 도입하였다.

- 이상기체 식 $PV = nRT$에 기체분자의 부피를 나타내기 위해서 nb 상수를 도입하였다. 따라서 이상기체 식은 다음과 같이 변형된다.

$$P(V - nb) = nRT$$

- 분자 사이의 상호작용을 나타내기 위해서 $\frac{an^2}{V^2}$항을 도입하여 위의 식을

최종적으로 다음과 같이 변형하였다.

$$(P + \frac{an^2}{V^2})(V - nb) = nRT$$

또는

$$(P + \frac{a}{\overline{V}^2})(\overline{V} - b) = RT, \quad \overline{V} = \frac{V}{n}$$

위에서 설명한 다른 두 종류의 비이상기체 상태방정식인 compressibility factor식과 virial식에 비해서 van der Waals식이 갖는 가장 큰 장점은 두개의 상수 a, b가 단순한 실험적인 상수가 아닌 물리적인 의미를 가지고 있는 상수들이라는 점이다. 이들 두 상수는 주어진 물질에 대해서 고유한 값을 가지며 온도 및 압력에 따라서 변화하지 않는다. 따라서 compressibility factor z와 B, C의 경우와 같이 많은 자료 chart나 table이 필요하지 않고 다음 표와 같이 물질의 종류에 따른 값을 나타낸 단순한 자료만 있으면 된다.

Table 8-2 Van der Waals Constants of gases

Gas	a (L^2 bar mol^{-2})	b (L mol^{-1})
H_2	0.2476	0.02661
He	0.03457	0.02370
N_2	1.408	0.03913
O_2	1.378	0.03183
CO_2	3.640	0.04267
H_2O	5.536	0.03049

위 표의 van der Waals상수들을 이용해서 수소, 산소 및 이산화탄소에 대한 compressibility factor를 압력의 함수로 나타내보면 다음 그림과 같이 실험값들과 유사한 것을 알 수 있다.

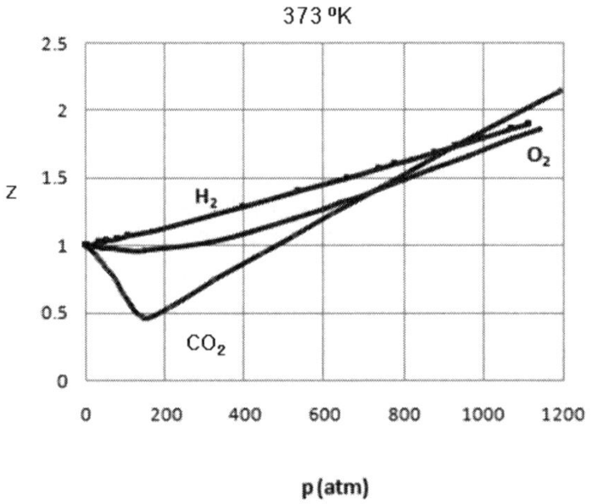

Fig. 8-2 Compressibility factor calculated as a function of pressure using van der Waals equation for hydrogen, oxygen, and carbon dioxide. Temperature is constant at 373°K.

④ Van der Waals식의 응용

• Kamerlingh Onnes식의 계수와의 관계식

Van der Waals식의 두 상수 a, b와 Kamerlingh Onnes식의 두 계수 B, C의 관계식은 다음과 같이 구한다. 우선 van der Waals식으로부터

$$\left(P + \frac{a}{\overline{V}^2}\right)(\overline{V} - b) = RT$$

$$P = \frac{RT}{(\overline{V} - b)} - \frac{a}{\overline{V}^2}$$

따라서

$$z = \frac{p\overline{V}}{RT} = \frac{\overline{V}}{\overline{V} - b} - \frac{a}{RT\overline{V}}$$

이 식에서 $\frac{\overline{V}}{\overline{V} - b}$ $\left(= \frac{1}{1 - b/\overline{V}}\right)$항을 $b/\overline{V}$ 에 대해서 Taylor-series 전개하고 Kamerlingh Onnes식과 비교하면 다음과 같다.

$$z = \frac{p\overline{V}}{RT} = 1 + \frac{b}{\overline{V}} + \left(\frac{b}{\overline{V}}\right)^2 - \frac{a}{RT\overline{V}} + \cdots$$

$$= 1 + \left(b - \frac{a}{RT}\right)\frac{1}{\overline{V}} + \left(\frac{b}{\overline{V}}\right)^2 + \cdots$$

$$= 1 + \frac{B}{\overline{V}} + \frac{C}{\overline{V}^2} + \cdots$$

따라서 Kamerlingh Onnes식의 두 계수 B, C와 van der Waals식의 두 상수 a, b와의 관계식은 다음과 같이 구해진다.

$$B = \left(b - \frac{a}{RT}\right)$$

$$C = b^2$$

• van der Waals coefficients and critical points

임계온도 및 임계압력과 van der Waals 상수들 사이에는 관계식이 존재한다. 물질의 임계점의 특성은 다음의 P-V diagram을 통해서 설명될 수 있다.

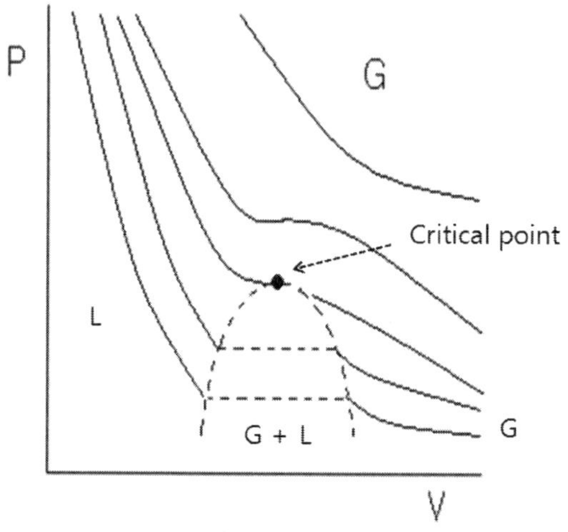

임계온도 이하에서 온도를 일정하게 유지하고 기체를 압축할 경우, 이 일정한 온도에서의 포화증기압과 압력이 동일해지는 지점 (점선 포물선의 오른쪽 부분과 등온곡선이 만나는 지점)에서 기체의 응축이 시작된다. 위의 도표에서 점선의 포물선 아래 G+L 지역에서 기체의 응축이 계속되며 이때 기체-액체 사이에 뚜렷한 경계가 존재한다. 기체의 액화가 진행되는 동안 온도 및 압력은 일정하게 유지된다. 기체 전부가 액화되면 (점선 포물선의 왼쪽부분과 등온곡선이 만나는 지점) 압축에 따른 압력은 급격히 증가하게 된다.

온도가 임계온도와 같을 경우, 압력이 증가하면 기체는 점선 포물선의 최대 점에서의 압력인 임계압력에서 액화가 순식간에 일어난다. 또한 임계점에서 액체와 기체의 밀도는 동일하며 기체와 액체의 경계면을 관찰할 수 없다.

임계점은 위의 도표에서 알 수 있듯이 P-V도표 상에서 변곡점에 해당한다. 따라서 압력의 온도에 대한 일차미분 및 이차미분 값들은 0이 된다. 즉

$$\left(\frac{\partial P}{\partial V}\right)_{critical\,point} = 0$$

$$\left(\frac{\partial^2 P}{\partial V^2}\right)_{critical\,point} = 0$$

Van der Waals식을 다음과 같이 부피에 대한 압력의 함수 형태로 바꾼다.

$$\text{Van der Waals equation : } P = \frac{RT}{\overline{V} - b} - \frac{a}{\overline{V}^2}$$

임계점에서의 일차미분과 이차미분식을 적용하면

$$\left(\frac{\partial P}{\partial \overline{V}}\right)_{Tc} = \frac{-RT_c}{(\overline{V}_c - b)^2} + \frac{2a}{\overline{V}_c^3} = 0 \qquad \text{------ ①}$$

$$\left(\frac{\partial^2 P}{\partial \overline{V}^2}\right)_{Tc} = \frac{2RT_c}{(\overline{V}_c - b)^3} - \frac{6a}{\overline{V}_c^4} = 0 \qquad \text{------ ②}$$

또한 임계점에서 van der Waals식은 다음과 같다.

$$P_c = \frac{RT_c}{\overline{V}_c - b} - \frac{a}{\overline{V}_c^2} \qquad \text{------ ③}$$

식 ①과 ②로부터

$$b = \frac{1}{3}\overline{V}_c\,,\ a = \frac{9}{8}RT_c\overline{V}_c$$

이 a와 b값을 ③식에 대입하면,

$$\overline{V_c} = \frac{3RT_c}{8P_c}$$

이 관계식을 위의 a, b식에 다시 대입하면 최종적으로 두 상수와 임계온도 (T_c) 및 임계압력 (P_c)과의 관계식을 구할 수 있다.

$$a = \frac{9}{8}RT_c\overline{V_c} = \frac{27R^2T_c^2}{64P_c} \quad , \quad b = \frac{\overline{V_c}}{3} = \frac{RT_c}{8P_c}$$

다음 표의 H_2의 예와 같이 측정한 a, b 값과 위 식을 이용해서 계산한 a, b 값은 매우 유사하다. 대부분의 화학공학 관련 교재에서 많은 종류의 물질에 대한 임계온도 및 임계압력 값을 쉽게 찾을 수 있다. 따라서 위 식들은 비이상기체의 경우 van der Waals 계수 값을 계산하기 위해서 유용하게 사용될 수 있다.

Table 8-3 Van der Waals constants of gases measured and calculated

Gas	a (L^2 atm mol^{-2})	b (L mol^{-1})	T_c (K)	P_c (atm)	Calculated coefficients	
					a	b
H_2	0.245	0.0266	33.2	12.8	0.244①	0.0266②
He	0.0342	0.0237	5.2	2.24		
N_2	1.39	0.0391	126.2	33.6		
O_2	1.36	0.0318	154.6	49.9		
H_2O	5.47	0.0305	647.1	218		

(H_2에 대한 계산 예)

$$① \ a = \frac{27R^2T_c^2}{64P_c} = \frac{27\,(0.082\,L\,atm\,mol^{-1}{}^{\circ}K^{-1})^2\,(33.2^{\circ}K)^2}{64 \times 12.8\,atm} = 0.244\,\frac{L^2\,atm}{mol^2}$$

$$② \ b = \frac{RT_c}{8P_c} = \frac{0.082\,L\,atm\,mol^{-1}\,{}^{\circ}K^{-1} \times 33.2^{\circ}K}{8 \times 12.8\,atm} = 0.0266\ L/mol$$

※ 다른 기체에 대해서도 a, b 값을 계산해보라.

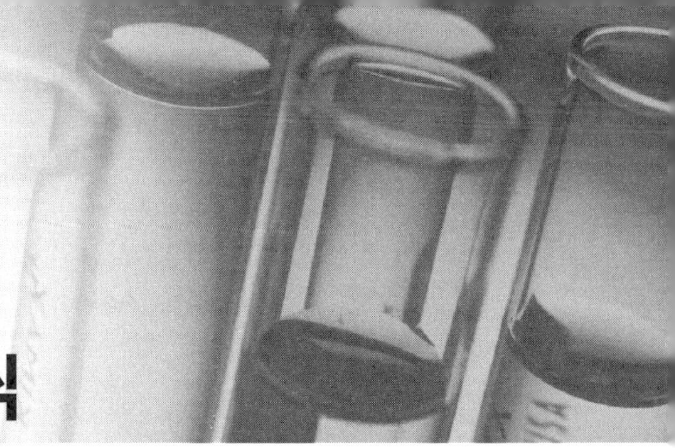

9장 기체-액체 평형식

화학공정 중 감압증류 공정에서는 장치 내에서 기체와 액체는 주어진 온도와 압력에서 평형상태에 있게 되며 이 평형상태의 기체와 액체가 각각 생성물로 얻어진다.

두 휘발성 물질 A, B를 분리하기 위한 감압증류장치에 대한 간단한 공정도는 다음 그림과 같다. 두 물질의 혼합물이 압력이 낮은 감압증류장치로 공급되면, 휘발성이 더 높은 물질은 기체생성물에 더욱 농축되며 반대로 휘발성이 낮은 물질은 액체생성물에 더욱 농축되게 된다.

이 공정에서 기체생성물의 농도 (y_A, y_B)와 액체생성물의 농도 (x_A, x_B)는 서로 독립적이지 않고 평형관계식을 가지게 된다. 즉 각 물질의 1 mol 당 Gibbs자유에너지인 chemical potential (μ)값이 기체 상태와 액체 상태에서 동일하다. 즉

$$\mu_1 \text{(liquid)} = \mu_1 \text{(gas)}$$

$$\mu_2 \text{(liquid)} = \mu_2 \text{(gas)}$$

이 평형식으로부터 각 성분의 기체에서의 농도 (y_i)와 액체에서의 농도 (x_i) 사이에 관계식을 수립할 수 있다. 즉

$$y_i = f(x_i, T, P)$$

이러한 대표적인 관계식으로는 액체에서의 용해농도가 높은 휘발성물질에 대해서 적용되는 Raoult식과 액체에서의 용해농도가 낮은 용존 기체에 대해서 주로 적용되는 Henry식이 있다.

9.1 이상혼합물 (Ideal Mixture)에 대한 Raoult식

화학구조와 물성이 유사한 물질들의 혼합물을 이상 혼합물이라고 한다. 이상혼합물의 경우 각 성분 사이의 인력 및 반발력 등 상호작용은 무시할 수 있을 정도로 작다. 대표적으로는 benzene과 toluene혼합물이 있다. 두 성분이 섞여있는 이상혼합물의 경우, 각 성분의 기체상의 분압 (P_i)은 액체상에서의 몰분율 (x_i)에 비례한다. 즉

$$P_1 = y_1 P = x_1 P_1^*(T)$$
$$P_2 = y_2 P = x_2 P_2^*(T)$$

위의 식에서 P는 기체상의 총 압력이며 P_1^*과 P_2^*는 각 순수한 물질의 온도 T에서 포화증기압이다. 위의 식을 Raoult식이라고 부른다.

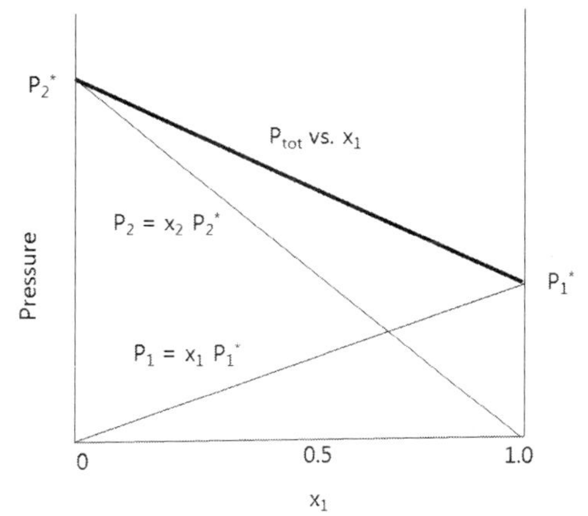

Fig. 9-1 Linear dependence of partial pressure in gas phase on mole fraction in liquid phase according to Raoult's law.

9.2 Raoult법칙으로부터 음의 편차 (Negative Deviation)

인력이 강하게 작용하는 두 물질이 섞여 있는 혼합물의 액체와 기체가 평형상태에 있을 경우, 각 물질의 기체상에서의 분압은 이상혼합물에 대한 Raoult의 비례식으로부터 예상되는 분압보다 작다. 이러한 물질들이 혼합되면 발열이 초래된다. 예로는 acetone과 chloroform 혼합물이 있다.

Fig. 9-2에서와 같이 액체에서 주성분이어서 액체상 내의 몰분율이 1에 가까운 성분에 대해서는 Raoult의 식을 적용할 경우 오차가 적다. 그러나 액체에서의 함량이 낮아서 액체상 내의 몰분율이 0에 가까운 성분의 경우, Raoult식을 적용하면 오차가 크다. 이 성분의 경우 Raoult식의 비례상수인 포화증기압 대신 분압과 농도의 그래프에서 x = 0에서 시작되는 점근 직선의 x = 1에서의 절편값 K를 사용한다. 이 상수 K를 Henry상수라고 부르며 이 식을 Henry식이라고 부른다.

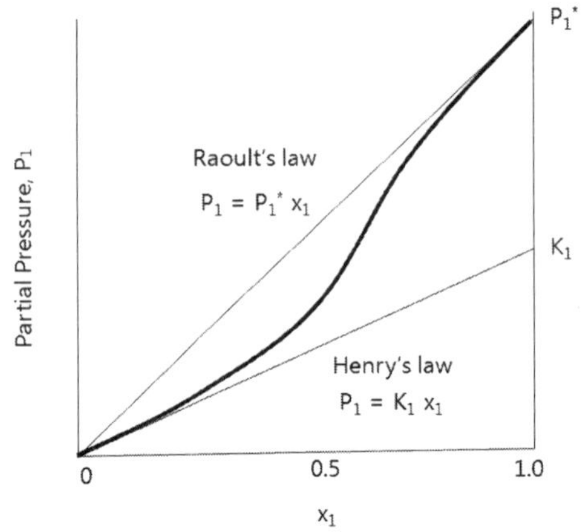

Fig. 9-2 Negative deviation from Raoult's law.

즉

x_i 이 클 경우 Raoul식 적용 : $y_iP = x_i\ Pi^*(T)$

x_i 이 작을 경우 Henry식 적용 : $y_iP = x_i\ K_i(T)$

Henry상수의 단위는 압력단위이다.

9.3 Raoult법칙으로부터 양의 편차 (Positive Deviation)

물성이 매우 다른 두 물질이 섞여있는 혼합물의 액체와 기체가 평형상태에 있을 경우, 각 물질의 기체상에서의 분압은 이상혼합물에 대한 Raoult의 비례식에서 예상되는 분압보다 크다. 이러한 물질들이 혼합되면 흡열이 초래된다. 이러한 예로는 ethanol/benzene, ethanol/chloroform, ethanol/water 등의 혼합물이 있다.

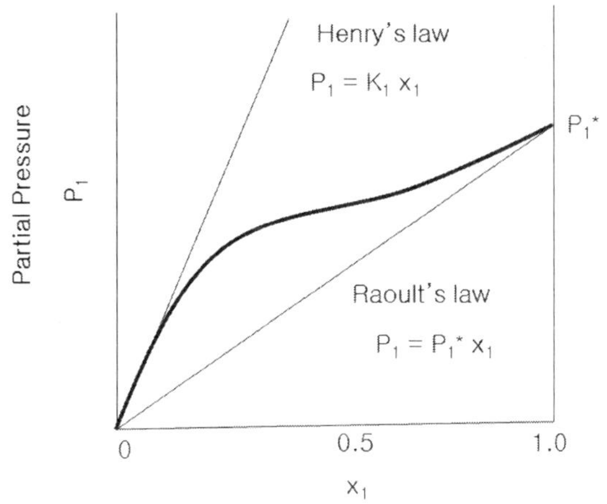

Fig. 9-3 Positive deviation from Raoult's law.

이 경우 역시 액체에서 주성분이고 액체몰분율이 1에 가까운 성분에 대해서는 Raoult의 식을 적용할 경우 오차가 적다. 또한 액체에서의 함량이 낮아서 액체상 몰분율이 0에 가까운 성분의 경우, Henry식을 적용한다. 이 때 Henry상수 값은 매우 크다. 즉

x_i 이 클 경우 Raoult식 적용 : $y_i P = x_i P_i^*(T)$

x_i 이 작을 경우 Henry식 적용 : $y_i P = x_i K_i(T)$

몇몇 성분의 물과의 혼합물에서 Henry상수는 다음 표와 같다.

Table 9-1 Examples of Henry's constants for gases dissolved in aqueous solutions.

Gas	K_i (Pa)
Argon (Ar)	4.03×10^9
Carbon Dioxide (CO_2)	1.67×10^8
Hydrogen (H_2)	7.03×10^9
Methane (CH_4)	4.13×10^7
Nitrogen (N_2)	8.57×10^9
Oxygen (O_2)	4.34×10^9

9.4 포화증기압과 온도

혼합물질의 액체-기체평형 계에 Raoult식을 사용하기 위해서는 각 순수한 물질의 포화증기압 (P^*)과 온도 (T)사이의 관계식을 알아야 한다. 즉

$$P^* = f(T)$$

여기에서는 대표적인 두 종류의 식을 소개한다.

① Clausius-Clapeyron Equation

다음의 H_2O 예에 대한 상도표 (phase diagram)에서 포화증기압과 온도의 관련곡선은 액체-기체 평형곡선이다.

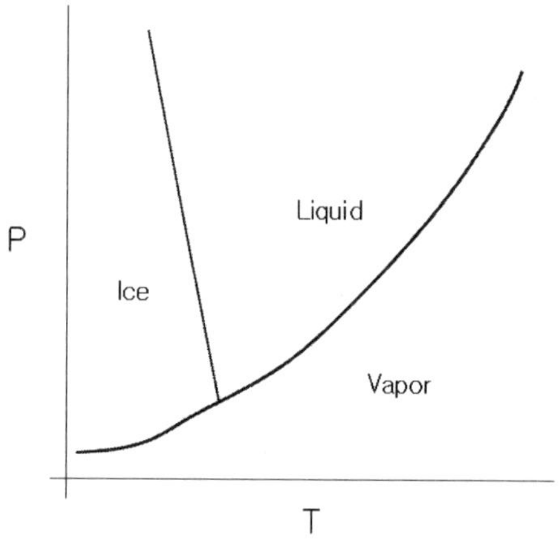

Phase diagram of water

실제의 측정 데이터를 이용해서 H_2O의 액체-기체 평형곡선을 자세히 나타내면 다음과 같다.

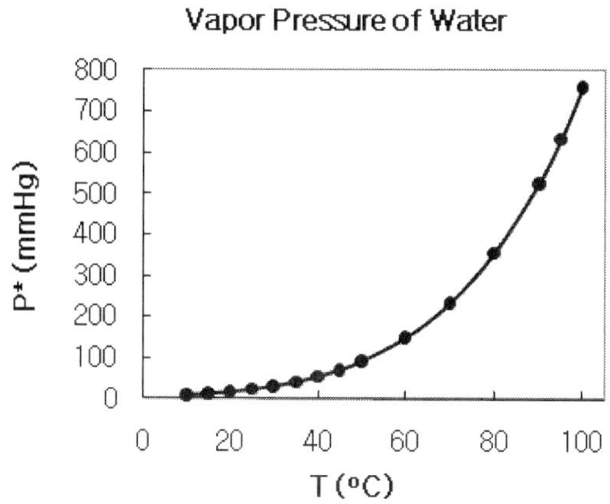

Fig. 9-4 Vapor-liquid equilibrium curve for H_2O.

이 액체-기체 평형곡선은 다음과 같이 ln P^* 와 1/T(°K)의 관계식으로 선형화 될 수 있다.

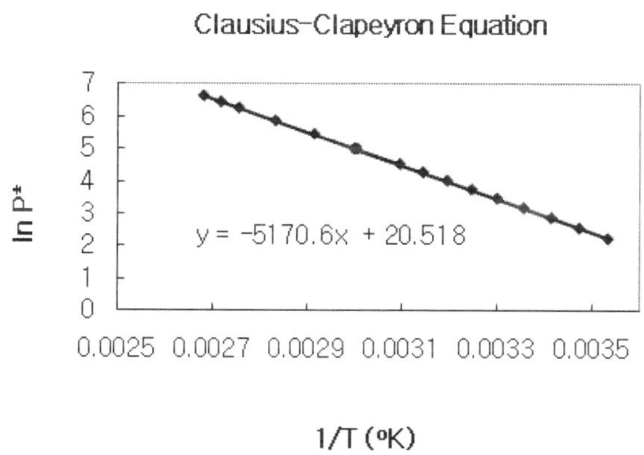

Fig. 9-5 Linearized vapor-liquid equilibrium curve for H_2O according to Clausius Clapeyron equation.

이 직선 식을 Clausius-Clapeyron식이라고 부르며 식의 형태는 다음과 같다. 이 직선의 기울기는 $-\Delta\hat{H}_v/R$이고 절편은 임의의 상수 B이다.

$$\ln P^* = -\frac{\Delta\hat{H}_v}{RT} + B$$

이 식에서 $\Delta\hat{H}_v$ 는 H_2O의 증발에너지이고 R은 기체상수이다. 위의 직선의 기울기로부터 H_2O의 증발에너지를 계산하면

$$\Delta\hat{H}_v = \text{-slope x R} = 5170.6\ (K) \times 8.314\ J/(mol\ K) = 43\ kJ/mol$$

실제 측정된 H_2O의 증발열 ($\Delta\hat{H}_v$)은 41 kJ/mol로 계산한 결과와 비슷하다.

② Antoine Equation

포화증기압과 온도와의 관계를 나타내는 실험식 중 대표적인 식은 다음의 Antoine 식이다.

$$\log_{10} P^* = A - \frac{B}{T + C}$$

이 식에서 포화증기압 (P^*)의 단위는 mmHg, 온도 (T)의 단위는 섭씨 (℃)이다. A, B, C는 Antoine식의 상수이며 다양한 화합물에 대한 이들 상수 값에 대한 표가 대부분의 교재에 수록되어 있다.

예제 9-1

암모니아의 Antoine상수는 다음과 같다. 25℃에서 암모니아의 포화증기압을 계산하시오.

$$A = 7.55,\ B = 1{,}003,\ C = 248$$

풀 이 세 상수를 Antoine식에 대입하면

$$\log_{10} P^* = A - \frac{B}{T + C} = 7.55 - \frac{1{,}003}{25 + 248} = 3.88$$

$$P^{*} = 10^{3.88} = 7586\,mmHg$$

제 3 부 물질수지 (Material Balance)

미지의 공정변수에 대한 값을 구하기 위해서는 공정변수 사이의 방정식이 필요하다. 위에서 설명한 기체방정식 및 액체-기체 평형관계식 (Raoult식, Henry식) 외에 각 성분에 대한 물질수지식과 공정 및 장치에 대한 에너지 수지식을 세울 수 있다. 제 3 부에서는 물질수지식에 대해서 우선 설명한다.

10장 물질수지식

10.1 일반 물질수지식

공정의 대상물질에 대한 일반적인 물질수지식은 다음과 같다.

공정 내 물질량의 변화속도 = 도입속도 (Input rate)
+ 생성속도 (Production rate)
- 유출속도 (Output rate)
- 소모속도 (Consumption rate)

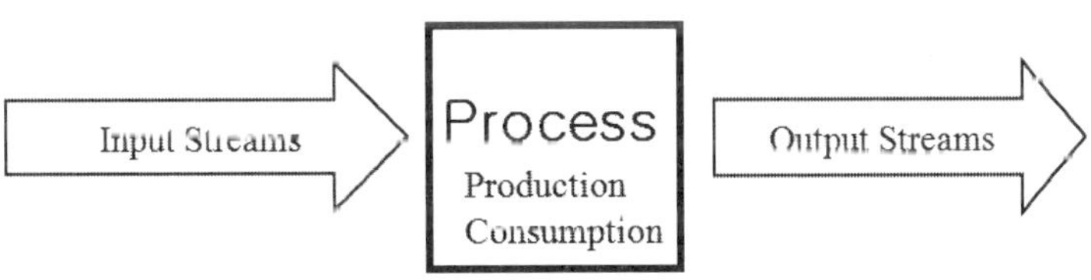

이 식을 물질전체의 질량 (M)에 적용하면 다음과 같다.

$$dM_{system}/dt = \dot{M}_{input} + \dot{M}_{production} - \dot{M}_{output} - \dot{M}_{consumption}$$

그러나 거의 대부분의 화학공정에서 계 내에서 어떠한 반응이 일어나더라도 물질의 총질량은 생성되거나 소모되지 않는다. 즉

$$\dot{M}_{production} = 0$$

$$\dot{M}_{consumption} = 0$$

따라서 위 식은 다음과 같다.

$$dM_{system}/dt = \dot{M}_{input} - \dot{M}_{output}$$

동일한 형태의 식을 각 성분의 질량 (m_i)에 대해서도 적용할 수 있다.

$$dm_{i,\,system}/dt = \dot{m}_{i,\,input} + \dot{m}_{i,\,production} - \dot{m}_{i,\,output} - \dot{m}_{i,\,consumption}$$

여기에서

$$\dot{M} = \sum_i \dot{m}_i$$

주어진 공정에 대해서 수립할 수 있는 독립적인 물질수지식의 개수는 공정의 성분의 개수와 동일하다.

10.2 공정별 물질수지식

① 연속식공정 (Continuous Process)

연속식 공정에서의 물질수지식은 원래의 일반적인 식을 사용한다. 그러나 대부분의 연속식 공정은 정상상태에서 운전되므로 계 내에서 각 성분의 물질량 변화속도는 0이다. 즉

$$dm_{i,\,system}/dt = 0$$

따라서 물질수지식은 다음과 같다.

$$0 = \dot{m}_{i,\,input} + \dot{m}_{i,\,production} - \dot{m}_{i,\,output} - \dot{m}_{i,\,consumption}$$

증류, 침전, 증발 등 공정과 같이 계에서 반응이 일어나지 않을 경우 성분의 생성속도 및 소모속도는 0이다. 즉

$$\dot{m}_{i,\,production} = 0$$

$$\dot{m}_{i,\,consumption} = 0$$

따라서 반응이 일어나지 않는 연속식 공정이 정상상태에서 운전될 경우 각 성분에 대한 물질 식은 다음과 같이 단순화된다.

$$\dot{m}_{i,\,input} = \dot{m}_{i,\,output}$$

예제 10-1 분리공정

다음과 같이 물-ethanol (50% m/m) 혼합물질이 연속식 증류공정에 의해서 ethanol 조성이 70% (m/m)인 기체와 30% (m/m)인 액체 두 product stream이 생성된다. 50% 물-ethanol 혼합액의 공급 속도가 100 kg/h일 때 각 product stream의 생산속도를 kg/h단위로 구하라.

풀 이 이 공정을 나타내면 다음과 같다. 여기에서 70% ethanol (EtOH) 용액의 생성속도는 mT kg/h이고 30% ethanol 생성속도는 mB kg/h라고 한다.

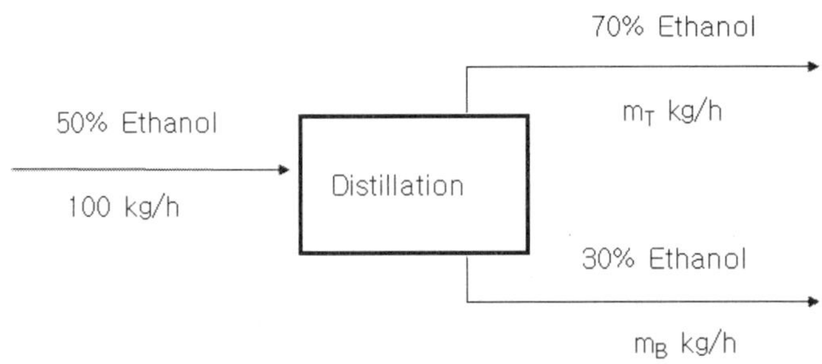

이 공정은 계에 반응이 없는 정상상태 연속식 공정이므로 각 성분에 대한 물질수지식은 다음과 같다.

$$\dot{m}_{i,\,input} = \dot{m}_{i,\,output}$$

위 식을 공정의 두 성분인 ethanol과 물에 대해서 적용하면 다음과 같은 식이 얻어진다.

Component	Input rate ($\dot{m}_{i,input}$) = Output rate ($\dot{m}_{i,output}$)
Ethanol	50 kg/h = 0.7 m_T + 0.3 m_B
H_2O	50 kg/h = 0.3 m_T + 0.7 m_B

물질 전체 질량에 대한 물질 수지식은 위의 두 식의 합이다. 즉

$$100 \text{ kg/h} = m_T + m_B$$

위 식으로부터 각 product stream의 생성속도는 다음과 같이 구할 수 있다.

$$m_T = 50 \text{ kg/h}$$
$$m_B = 50 \text{ kg/h}$$

② 회분식공정 (Batch Process)

회분식 공정에서는 운전 중에 물질이 유입되거나 유출되지 않는다. 즉

$$\dot{m}_{i,\, input} = 0$$
$$\dot{m}_{i,\, output} = 0$$

따라서 물질수지식은 다음과 같다.

$$dm_{i,\, system} / dt = \dot{m}_{i,\, production} - \dot{m}_{i,\, consumption}$$

반응이 없는 공정의 경우 각 성분의 생성 및 소모는 0이므로 물질수지식은

$$dm_{i,\, system} / dt = \dot{m}_{i,\, production} - \dot{m}_{i,\, consumption} = 0 - 0 = 0$$

따라서 전체질량 및 각 성분의 초기상태와 최종상태의 양은 동일하다.

$$m_{total,\, initial} = m_{total,\, final}$$

$$m_{i,\, initial} = m_{i,\, final}$$

예제 10-2 회분식 혼합공정

40 wt% ethanol 용액 200 g과 70 wt% ethanol 용액 100 g을 혼합하였을 때 혼합액의 ethanol의 함량을 질량 %(wt%)로 구하여라.

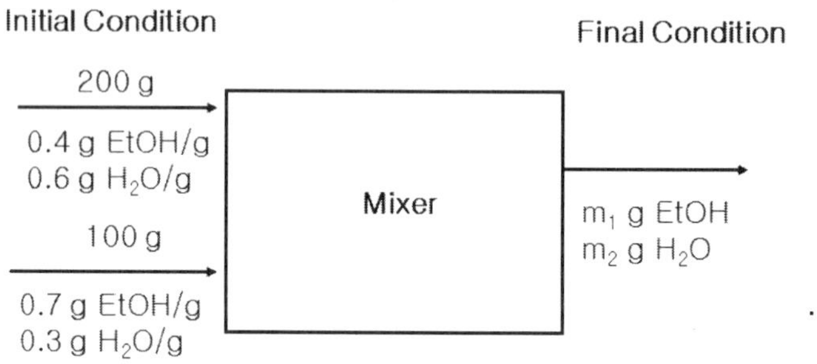

풀 이 혼합공정의 초기상태와 최종상태에 대해서 전체 질량과 각 성분의 질량에 대한 물질수지식을 세운다.

- 총괄 물질수지식

$$200 + 100 = 300 = m_1 + m_2$$

- Ethanol (EtOH) 수지식

$$200 \times 0.4 + 100 \times 0.7 = m_1$$

- H_2O 수지식

$$200 \times 0.6 + 100 \times 0.3 = m_2$$

위의 세 식 중 2개의 식이 독립식이며 다른 한 식은 계산결과의 검산에 사용할 수 있다. 각 성분에 대한 물질수지식으로부터

$$m_1 = 150\ g$$
$$m_2 = 150\ g$$

- 전체질량에 대해서

$$m_1 + m_2 = 150\ g + 150\ g = 300\ g$$

③ 반 회분식공정 (Semibatch Process)

반 회분식 공정의 경우, 일부 성분은 연속적으로 공정에 유입 유출되며 다른 성분은 도입과 유출이 없다.

공정에 도입 · 유출되는 성분에 대해서는 다음과 같은 일반식을 적용한다.

$$dm_{i,\,system}/dt = \dot{m}_{i,\,input} + \dot{m}_{i,\,production} - \dot{m}_{i,\,output} - \dot{m}_{i,\,consumption}$$

공정에 도입·유출이 없는 성분에 대해서는

$$\dot{m}_{i,\,input} = 0$$
$$\dot{m}_{i,\,output} = 0$$

이므로 다음 식을 적용한다

$$dm_{i,\,system}/dt = \dot{m}_{i,\,production} - \dot{m}_{i,\,consumption}$$

11장 화학반응에 대한 물질수지

계에서 화학반응이 일어나는 반응기의 경우에 대한 물질수지식을 수립할 경우, 반응물과 생성물의 반응속도 및 생성속도를 고려해 주어야 한다. 즉

$$\dot{m}_{i,\,production} \neq 0$$
$$\dot{m}_{i,\,consumption} \neq 0$$

따라서 연속식 정상상태 반응공정의 경우 각 성분에 대한 일반적인 물질수지식은 다음과 같다.

$$dm_{i,\,system}/dt = 0 = \dot{m}_{i,\,input} + \dot{m}_{i,\,production} - \dot{m}_{i,\,output} - \dot{m}_{i,\,consumption}$$

정상상태 연속식 반응공정의 경우, 반응은 평형상태에 도달할 때까지 진행되지 않는다. 반면에 반응이 진행되는 시간인 체류시간은 반응기의 크기와 성분의 유입속도의 비이며 각 반응공정 마다 일정한 값을 가지게 된다. 따라서 각 성분물질의 반응량 및 생성량은 반응정도를 나타내는 변수인 반응진행도 ξ의 함수로 표시된다.

11.1 화학반응식 (Stoichiometric Equation)

물질사이의 반응은 화학반응식 (stoichiometric equation)으로 표시한다. 화학반응식은 다음과 같은 규칙에 따라서 작성된다.

- 반응물질은 식의 왼편에 생성물질은 식의 오른편에 나타낸다.
- 화학반응식 왼편의 반응물질들과 오른편의 생성물질들을 구성하는 원자의 종류와 mol수는 동일하다. 이를 위해서 필요한 각 반응물질의 mol수를 화학반응계수 (stoichiometric coefficient, ν_i)라고 한다.
- 반응물질들의 화학반응계수는 음의 값으로 생성물질들의 화학반응계수는 양의 값으로 표시한다.

(예) 다음은 수소와 산소의 반응에 의한 물의 생성반응식을 나타낸 화학반응식이다.

$$2H_2\ (g) + O_2\ (g) = 2H_2O\ (g)$$

위의 반응식에서 왼편에 있는 수소와 산소분자는 반응물질, 오른편에 있는 물 분자는 생성물질이다. 이 화학반응식에서 반응물질들과 생성물질이 가지고 있는 산소원자의 mol수는 2 mol, 수소원자의 mol수는 4 mol로 동일하다. 반응에 참여하는 각 물질들의 화학반응계수는 다음과 같다.

화학물질 :	H_2 (g)	O_2 (g)	H_2O (g)
화학반응계수 (ν_i) :	-2	-1	+2

1 한계반응물 (Limiting Reactant), 과잉반응물 (Excess Reactants), 과잉백분율 (% Excess)

반응의 초기에 도입하는 각 반응물질들은 화학반응계수에 비례해서 존재하지 않는 경우가 일반적이다. 따라서 반응이 완결된 후 가장 빨리 소모되는 반응물질을 한계반응물이라고 한다. 한계반응물 이외의 반응물질들은 한계반응물이 소모된 후에도 잔류량이 존재하며 이들을 과잉반응물이라고 한다. 반응 초기에 각 반응물질들이 각각의 화학반응계수에 비례해서 존재한다면 모든 반응물질들이 한계반응물이 되며 반응이 완결된 후에는 반응물들은 더 이상 존재하지 않고 생성물들만 존재하게 된다.

한계반응물을 결정하기 위해서는 반응초기의 각 반응물질의 mol수와 화학반응계수의 절대 값의 비를 구한다. 이 값이 가장 작은 반응물질이 한계반응물이다. 또한 과잉물의 경우 과잉백분율 (%)을 다음식과 같이 계산한다.

$$\text{과잉백분율 (\% excess)} = \frac{n_o - n_s}{n_s} \times 100$$

여기에서 n_s는 한계물질이 완전히 반응하기 위해서 필요한 과잉물질의 소모량 (mol)이고, n_o는 과잉물질이 초기에 존재하는 양 (mol)이다.

예제 11-1

다음은 propane의 산화반응이다. 반응초기에 propane이 10 mol, 산소가 20 mol이 존재할 경우 한계반응물과 과잉반응물을 결정하고 과잉반응물의 과잉백분율 (%)을 계산하라.

$$C_3H_8\text{ (g)} + 5\ O_2\text{ (g)} = 3\ CO_2\text{ (g)} + 4\ H_2O\text{ (g)}$$

풀 이 각 반응물질들의 반응초기 mol수와 화학반응계수의 절대 값의 비를 구한다.

반응물질	:	C_3H_8 (g)	O_2 (g)
초기 mol수 (n_{io})	:	10	20
화학반응계수 (ν_i)	:	-1	-5
$n_{io}/\mid\nu_i\mid$	:	10/1 = 10	20/5 = 4

산소분자의 초기 mol수와 화학반응계수의 절대 값의 비가 propane의 경우 보다 작으므로 산소가 한계반응물이고 propane이 과잉반응물이다. 반응이 완결되면 산소는 완전히 소모되며 propane은 4 mol이 반응하고 6 mol이 잔류한다.

한계반응물인 산소 20 mol의 완전한 소모를 위해서 필요한 propane의 양은 4 mol이다. 즉 n_s = 4 mol.

과잉반응물인 propane의 과잉백분율 (%)은 다음식과 같이 계산한다.

$$\% \text{ excess} = \frac{n_o - n_s}{n_s} \times 100 = \frac{10-4}{4} \times 100 = 150\%$$

2 반응진행도 (Reaction extent)

반응 진행도 (ξ)는 다음 식으로 구한다.

$$\xi = \frac{n_i - n_{io}}{\nu_i}$$

이식에서

n_{io} = 물질 i의 초기 mol수 (또는 연속공정의 경우 도입 물질 i의 흐름 속도 (mol/s))
n_i = 물질 i의 반응 후 최종 mol 수 (또는 연속공정의 경우 유출 물질 i의 흐름 속도 (mol/s))
ν_i = 반응물질 i의 화학반응계수

위 식에서 반응진행도 ξ는 물질 i를 나타내는 첨자가 없다. 즉 반응물이나 생성물 중 어느 물질을 기준으로 계산하더라도 동일한 값을 가진다.

예제 11-2

반응기로의 도입속도가 질소 100 mol/s, 수소 120 mol/s이다. 반응기에서는 다음 화학식과 같이 암모니아가 생성된다.

$$N_2 + 3H_2 \rightarrow 2NH_3$$

① 한계반응물, 과잉반응물, 과잉백분율을 결정하시오.

② 반응진행도와 반응기 출구에서 각 물질의 흐름속도 (mol/s)의 관계식을 구하라.

③ 수소의 전환율이 70%일 때, 반응진행도의 값과 반응기 출구에서 각 물질의 흐름속도를 (mol/s)구하시오.

풀이

① 각 반응물질의 도입속도와 화학반응계수의 절대 값의 비를 구한다. 질소의 경우, 100 (mol/s)/1 = 100 mol/s. 수소의 경우 (120 mol/s)/3 = 40 mol/s. 수소에 대한 값이 질소에 대한 값보다 작으므로 수소가 한계반응물이고 질소가 과잉반응물이다.

수소 120 mol/s가 완전히 반응하기 위해서 필요한 질소의 양은 40 mol/s이므로 질소의 과잉량은 60 mol/s이다. 질소의 과잉백분율 (%excess)은 다음과 같이 구한다.

$$\% \text{ excess} = \frac{n_o - n_s}{n_o} \times 100 = \frac{100 - 40}{40} \times 100 = 150\%$$

② 반응 진행도 (ξ)를 구하는 다음의 일반식을 이용한나.

$$\xi = \frac{n_i - n_{io}}{\nu_i} \quad \rightarrow n_i = n_{io} + \nu_i \xi$$

Molecule (i)	ν_i	Initial mol/s (n_{io})	Final mol/s (n_i)
N_2	-1	100	100 - ξ
H_2	-3	120	120 - 3ξ
NH_3	2	0	2ξ

③ 수소의 전환율이 70%이면 반응기 출구에서 수소의 흐름속도는 120 mol/s x 0.3 = 36 mol/s이다. 따라서 반응진행도는

$$36 = 120 - 3\xi$$
$$\xi = (120-36)/3 = 28 \text{ mol/s}$$

반응기 출구에서 질소와 암모니아의 흐름속도는 다음과 같이 구한다.

$$n_{N_2} = 100 - \xi = 100 - 28 = 72\,mol/s$$
$$n_{NH_3} = 2\xi = 2 \times 28 = 56\,mol/s$$

예제 11-3

다음 ethylene의 산화에 의한 ethylene oxide 생성반응에서 반응 초기, ethylene은 100 mol, 산소는 100 mol, ethylene oxide는 0 mol이 있다. 반응 후 산소의 최종 잔류 mol수가 80 mol일 경우 반응진행도 값을 구하여라.

$$2\,C_2H_4 + O_2 = 2\,C_2H_4O$$

Molecule(i)	V_i	Initial mol (n_{io})	Final mol (n_i)	n_i - n_{io}	ξ = (n_i - n_{io})/ V_i
C_2H_4	-2	100	60	-40	-40/(-2) = 20
O_2	-1	100	80	-20	-20/(-1) = 20
C_2H_4O	2	0	40	40	40/2 = 20

여기에서 볼 수 있듯이 반응진행도 ξ는 계산에 사용된 반응물질의 종류와 관계없이 동일하다.

3 복수반응, 수율 (Yield), 선택도 (Selectivity)

하나 이상의 반응이 동시에 진행될 경우에는 다음 용어들이 추가로 정의된다.

- 주반응 (main reaction) 및 주반응 생성물 (desired product) : 하나 이상의 반응 중 목표로 하는 물질을 생성하는 반응을 주반응이라고 한다.

- 부반응 (side reactions) 및 반응부산물 (by-products) : 주반응을 제외한 다른 반응을 부반응이라고 하며 부반응 생성물을 부산물이라고 한다.

- 수율 (yield) : 여러 반응이 동시에 진행될 경우 반응수율은 다음과 같이 여러 가지로 정의될 수 있다.

$$수율 ① = \frac{n_i}{n_i^{\max}}$$

n_i = 주반응 생성물의 생성 mol수

$n_i^{\max}$ = 부반응이 일어나지 않고 한계반응물이 100% 반응하였을 경우 최대로 생성되는 주반응 생성물의 mol수.

수율② = 주반응 생성물의 생성 mol수/도입된 반응물의 mol수

수율③ = 주반응 생성물의 생성 mol수/반응물의 소모된 mol수

- 선택도 (selectivity) = 주반응 생성물의 생성 mol수/부산물의 생성 mol수

• Reaction extent (ξ_j)

반응진행도 ξ_j는 각 반응 (j)에 대해서 지정된다. 또한 각 성분의 mol수와 반응진행도의 관계는 다음과 같은 식으로 표시된다.

$$n_i = n_{io} + \sum_{j=1}^{k} \nu_{ij}\xi_j$$

n_i = 임의의 반응시간에서 성분 i의 mol수

n_{io} = 반응초기 성분 i의 mol수

ν_{ij} = 반응식 j에서 성분 i의 반응계수

k = 반응의 개수

ξ_j = 반응 j의 반응진행도

예제 11-4

다음 ethane의 탈수소반응 (1)과 생성된 수소와 ethane사이의 부가반응인 수소화 반응 (2)가 동시에 진행된다.

$$C_2H_6 \rightarrow C_2H_4 + H_2 \ (1)$$
$$C_2H_6 + H_2 \rightarrow 2CH_4 \ (2)$$

연속식 반응기에서 ethane의 유입량이 100 mol/h이고, ethane의 전환율이 80%, ethylene yield ①이 60%일 때 ethylene의 선택도 (selectivity), 수율②, 수율③를 구하여라.

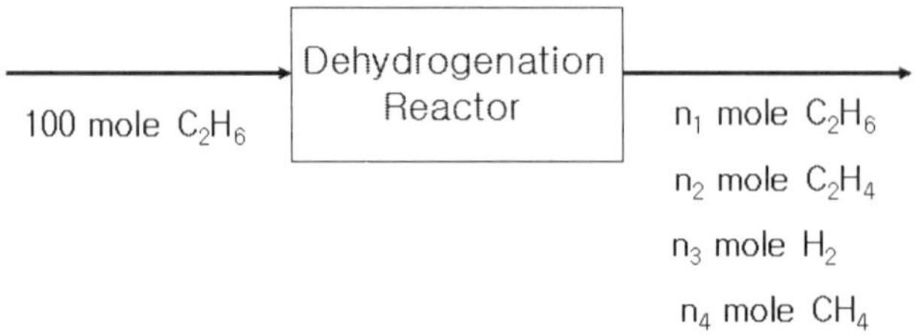

풀 이

기준 : 1 h

- 자유도 분석 :

미지수의 개수 = 6 (n_1~n_4, ξ_1, ξ_2)

분자성분의 개수 = 4

주어진 조건 = 2 (ethane의 전환율, ethylene yield)

자유도 (DF) = 6 - 4 - 2 = 0

- 물질수지식 : $n_i = n_{io} + \sum_{j=1}^{k} \nu_{ij}\xi_j$

$n_1 = n_{1o} - \xi_1 - \xi_2 = 100 - \xi_1 - \xi_2$

$n_2 = \xi_1$

$n_3 = \xi_1 - \xi_2$

$n_4 = 2\xi_2$

ethane의 전환율 = 80% : $n_1 = n_{1o}(1-0.8) = 20\,mol$

ethylene yield① = 60% : ethylene의 최대 생성가능 mol = 100 mol

$n_2 =$ ethylene의 최대 생성가능 mol x yield① = 60 mol

위의 식들을 풀이하면

$$n_1 - 20\ mol,\ n_2 = 60\ mol,\ n_3 = 40\ mol,\ n_4 = 40\ mol$$

$$\xi_1 = 60\ mol,\ \xi_2 = 20\ mol$$

생성물의 총 mol수 = 20 + 60 + 40 + 40 = 160 mol

ethylene의 선택도 (selectivity) = $\frac{n_2}{n_4} = \frac{60}{40} = 1.5 \frac{mol\ C_2H_4}{mol\ CH_4}$

수율② = n_2/ethane fed = 60/100 = 0.6

수율③ = n_2/ethane reacted = 60/80 = 0.75

11.2 화학반응계에 대한 물질수지

화학반응이 일어나는 계에 대한 물질수지식을 수립하는 방법은 다음의 세 가지가 있다.

- Molecular species balances
- Reaction extent (ξ) 방법
- Atomic species balances

1 Molecular Species Balance

이 방법에서는 공정에서 취급되는 각 분자들에 대한 물질수지식을 수립한다. 정상상태의 흐름 계에서 각 분자에 대한 일반적인 물질수지식은 다음과 같다.

도입속도 + 생성속도 - 유출속도 - 소모속도 = 0

각 분자들의 소모속도와 생성속도를 구하기 위해서 화학반응식을 알고 있어야 한다. 실질적인 공정에서는 반응이 평형상태에 도달할 때까지 진행되거나 100% 완결되지 않는다. 따라서 각 반응식마다 계에서 반응이 이루어진 정도를 나타내는 반응진행도 (ξ)라는 미지수가 추가로 발생한다. 계에 n개의 반응이 일어날 경우 n개의 반응진행도가 미지수로 발생한다.

결과적으로 m개의 분자가 다루어지며 n개의 반응이 일어나는 계의 자유도 (DF)는 다음과 같이 계산한다.

미지수의 개수 = 미지 공정변수의 개수 + 반응식의 개수 (n)
방정식의 개수 = 분자의 종류 (m)
자유도 (DF) = 미지수의 개수 - 방정식의 개수
= 미지 공정변수의 개수 + n - m

자유도가 0이 될 경우에만 공정에 대한 물질수지의 계산이 가능하다.

예제 11-5

다음 ethane의 탈수소반응 (dehydrogenaton)이 일어나는 공정에 대해서 각 분자에 대한 물질수지 식을 세우고 출구의 각 분자의 흐름속도를 구한다. 입력물질은 100% ethane이며 유입속도는 100 mol/min이다.

$$\text{탈수소반응식} : C_2H_6 \rightarrow C_2H_4 + H_2$$

풀 이

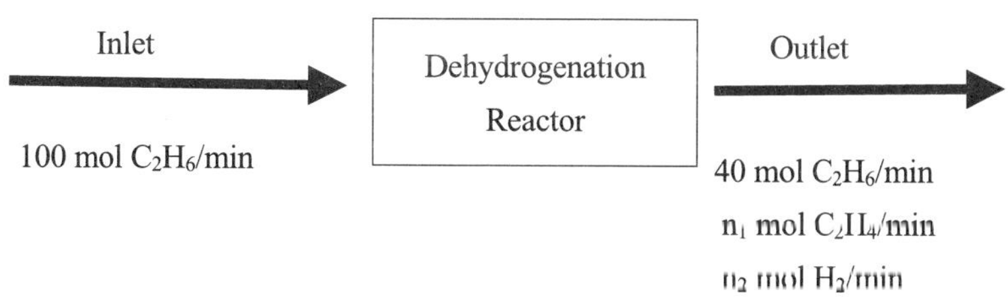

분자의 개수 (m) = 3 (C_2H_6, C_2H_4, H_2)
반응식의 개수 (n) = 1 (탈수소화 반응)
미지 공정변수의 개수 = 2 (n_1, n_2)

자유도 (DF) = 미지 공정변수의 개수 + 반응식의 개수 - 분자의 개수
= 2 + 1 - 3 = 0

C_2H_6의 소모속도 = 100 mol/min - 40 mol/min = 60 mol/min

화학반응식에서

C_2H_6의 소모속도 = C_2H_4의 생성속도 = H_2의 생성속도 이므로

C_2H_4의 생성속도 = H_2의 생성속도 = 60 mol/min

물질수지식 : 유입속도+생성속도-유출속도-소모속도 = 0

Molecule	Input	+	Production	-	Output	-	Consumption	=	0
C_2H_6	100	+	0	-	40	-	60	=	0
C_2H_4	0	+	60	-	n1	-	0	=	0
H_2	0	+	60	-	n2	-	0	=	0

위의 식들에서 n_1 = 60 mol/min, n_2 = 60 mol/min

※ 위의 예에서와 같이 분자들에 대한 물질수지식을 수립하기 위해서는 화학반응식으로부터 각 분자들의 생성속도 및 소모속도 사이의 관계를 구해야 한다.

1 Reaction Extent (ξ) 방법

이 방법에서는 각 분자들의 도입량과 유출량의 관계식에 반응진행도 (ξ)를 포함시킨다. 즉

$$n_i = n_{io} + \nu_i \xi$$

이 식에서 분자 i에 대해서, n_{io} 는 유입속도, n_i 는 유출속도, ν_i 는 화학반응상수, ξ는 반응진행도이다.

예제 11-6

위의 예제와 동일한 ethane의 탈수소반응이 일어나는 공정에 대해서 반응진행도 (ξ)를 이용해서 각 분자에 대한 물질수지식을 세우고 출구에서 유출되는 각 분자의 흐름속도를 구하라.

풀 이

- 자유도 분석

미지수의 개수 = 2 미지 공정변수 (n_1, n_2) + 1 반응정도 (ξ) = 3
분자에 대한 물질수지식의 개수 = 3 (C_2H_6, C_2H_4, H_2)
자유도 (DF) = 미지수의 개수 - 방정식의 개수
= 3 - 3 = 0

각 분자들에 대해서 다음 식을 적용한다.

$$n_i = n_{io} + \nu_i \xi$$

- 분자에 대한 물질수지식

Molecule	Stoichiometric coefficient (ν_i)	Output rate (n_i)	=	Input rate (n_{io})	+	Reaction rate ($\nu_i \xi$)
C_2H_6	-1	40	=	100	-	ξ
C_2H_4	1	n_1	=	0	+	ξ
H_2	1	n_2	=	0	+	ξ

위 표의 처음 식으로부터 ξ = 60 mol/min
두 번째와 세 번째 식으로부터, n_1 = 60 mol/min, n_2 = 60 mol/min

2 원자 수지식 (Atomic Species Balance)

이 방법에서는 공정의 입력흐름과 출력흐름에 있는 분자들을 구성하고 있는 각 원자들에 대한 물질수지식을 세운다. 이 경우 각 원자들에 대한 물질수지식의 개수는 공정의 원자들의 종류수와 같다. 이 방법에서는 화학반응식을 알지 못해도 되며 각 분자들의 화학식만 알고 있으면 된다. 또한 원자는 반응에 의해서 생성되거나 소멸되지 않으므로 원자들에 대한 물질수지식에서 생성과 소멸 항은 없다. 즉 각 원자 종류에 대해서

원자 수지식:

도입속도+~~생성속도~~−유출속도−~~소모속도~~ = 0

즉 각 원자에 대해서, 도입속도 = 유출속도

예제 11-7

위의 ethane의 탈수소반응 공정에 대해서 각 원자에 대한 물질수지식을 세우고 출구의 각 분자의 흐름속도를 구한다. 도입물질은 100% ethane이며 도입속도는 100 mol/min이다.

풀 이

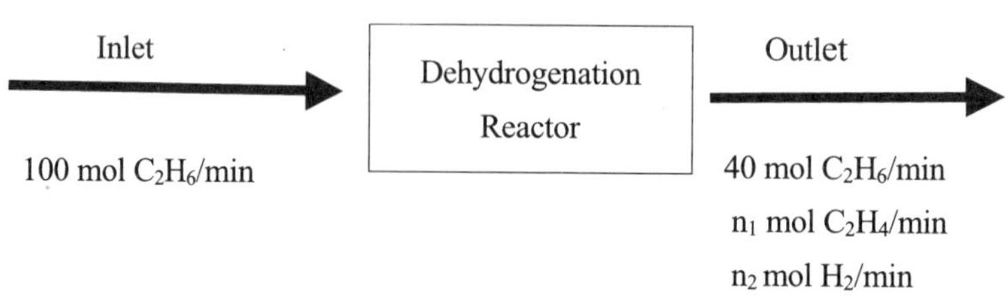

• 자유도 분석

원자의 종류 (m) = 2 (C, H)
미지 공정변수의 개수 = 2 (n_1, n_2)

자유도 (DF) = 미지 공정변수의 개수 - 원자의 종류
= 2 - 2 = 0

• 원자 수지식

Atom	Input rate	=	Output rate
C	100 x 2	=	40 x 2 + $2n_1$
H	100 x 6	=	40 x 6 + $4n_1$ + $2n_2$

위의 식들에서 n_1 = 60 mol/min, n_2 = 60 mol/min

11.3 복수 반응 (Multiple Reaction)에 대한 물질수지

계에서 한개 이상의 반응이 일어날 경우에는 반응 개수와 같은 수의 반응진행도 ξ_j 가 식에 포함되어야 한다. 여기에서 j는 반응 j를 나타낸다. 계에 n개의 반응이 일어날 경우 분자 i에 대한 식은 다음과 같다

$$n_i = n_{io} + \sum_{j=1}^{n} \nu_{ij}\xi_j$$

예제 11-8

Ethane (C_2H_6)을 공기로 연소시키는 반응에서 일산화탄소 (CO)를 생성하는 불완전 산화반응과 이산화탄소 (CO_2)를 생성하는 완전산화 반응이 동시에 일어난다. Ethane이 100% 산화할 경우 연소 생성물의 조성을 각 성분의 mol%로 나타내라. 이때 feed stream의 mol% 조성은 5% C_2H_6, 20% O_2, 75% N_2이다. 또한 생성물질 중 이산화탄소와 일산화탄소의 mol비는 4이다.

풀 이 Basis : 100 mol Feed

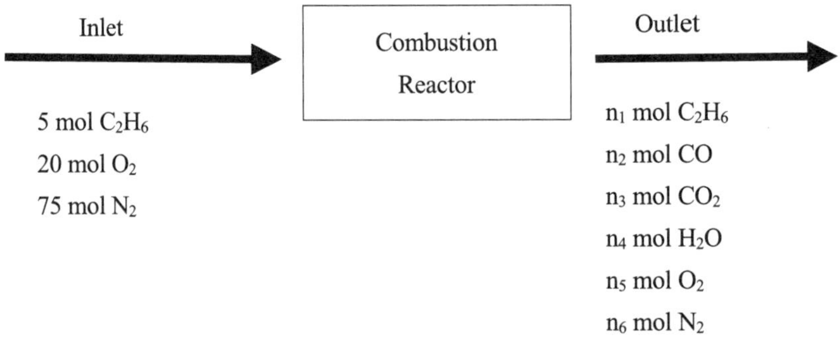

Feed stream의 ethane이 100% 반응하므로 유출 흐름의 ethane의 양 n_1은 0 mol이다. 또한 생성물질 중 이산화탄소와 일산화탄소의 mol 비는 4이므로 $n_3 = 4n_2$이다.

풀이-① : 반응진행도 (ξ_j)를 이용한 풀이방법

이 예제에서 반응의 개수는 다음과 같이 불완전 연소반응과 완전연소반응 두 종류이다. 이 계에 포함된 분자는 6종류 (C_2H_6, O_2, CO, CO_2, H_2O, N_2)이다.

$$C_2H_6 + 5/2\ O_2 \rightarrow 2CO + 3HSO \qquad (1)$$

$$C_2H_6 + 7/2\ O_2 \rightarrow 2CO_2 + 3H_2O \qquad (2)$$

각 반응마다 반응정도 ξ_1과 ξ_2를 정해야 한다.

• 자유도 분석

총 미지수의 개수 = 8 (n_1~n_6, ξ_1, ξ_2)

방정식의 개수 = 8 = 6종류의 분자에 대한 6개의 물질수지식

+ 조건에서 주어진 2개의 식 ($n_1 = 0$, $n_3 = 4n_2$)

자유도 = 미지수의 개수 - 방정식의 개수 = 8 - 8 = 0

• 물질수지식

Molecule	Output rate (n_i)	=	Input rate (n_{io})	+	Reaction rate ($\sum \nu_i \xi_i$)
C_2H_6	n_1	=	5	-	ξ_1 - ξ_2
CO	n_2	=	0	+	$2\xi_1$
CO_2	n_3	=	0	+	$2\xi_2$
H_2O	n_4	=	0	+	$3\xi_1 + 3\xi_2$
O_2	n_5	=	20	-	$5/2\xi_1$ - $7/2\xi_2$
N_2	n_6	=	75	+	0

조건식

$n_1 = 0$

$n_3 = 4n_2$

위의 8개 미지수를 포함한 8개의 방정식을 풀이하면 다음과 같다.

Molecule	Output rate (n_i)	mol	mol%
C_2H_6	n_1	0	0
CO	n_2	2	1.93
CO_2	n_3	8	7.73
H_2O	n_4	15	14.50
O_2	n_5	3.5	3.38
N_2	n_6	75	72.46
Total	Σn_i	103.5	100
ξ_1=1 mol ξ_2=4 mol			

풀이-② : 원자 수지식을 이용한 풀이방법

공정의 각 원자에 대한 물질수지식을 수립할 경우에는 화학반응식과 각 화학반응식에 대한 반응정도 (ξ_j)를 고려하지 않는다.

- 자유도 분석

총 미지수의 개수 = 6 : n_1~n_6
방정식의 개수 = 6 = 4종류의 원자 (C, H, O, N)에 대한 물질수지식
+ 조건에서 주어진 2개의 식 ($n_1 = 0$, $n_3 = 4n_2$)
자유도 = 미지변수의 개수 - 방정식의 개수 = 6 - 6 = 0

- 원자 수지식

Atom	Input rate	=	Output rate
C	5x2	=	$2n_1+n_2+n_3$
H	5x6	=	$6n_1+2n_4$
O	20x2	=	$n_2+2n_3+n_4+2n_5$
N	75x2	=	$2n_6$

조건식 : $n_1 = 0$, $n_3 = 4n_2$

위의 6개 미지수로 이루어진 6개 방정식을 풀이한다.

Component	Input rate (n_i)	mol	mol%
C_2H_6	n1	0	0
CO	n2	2	1.93
CO_2	n3	8	7.73
H_2O	n4	15	14.50
O_2	n5	3.5	3.38
N_2	n6	75	72.46
Total	Σn_i	103.5	100

11.4 재순환 반응기(Recycle Reactor)에 대한 물질수지

반응 후 잔류하는 반응물질을 회수해서 다시 반응기에 유입시키는 공정을 재순환 반응기 (recycle reactor)라고 한다.

Recycle reactor에서 수율은 전체 전환율 (overall conversion)과 반응기 전환율 (single-pass conversion) 두 종류가 있다.

- 전체전환율 (Overall Conversion)

$$= \frac{\text{reactant input to process} - \text{reactant output from process}}{\text{reactant input to process}}$$

- 반응기 전환율 (Single-pass Conversion)

$$= \frac{\text{reactant input to reactor - reactant output from reactor}}{\text{reactant input to reactor}}$$

예를 들어 반응 A → B반응이 일어나는 recycle reactor의 공정도는 다음과 같다. 반응기에서 A의 80%가 반응하며 반응 후 미반응 한 20%의 A는 separator에서 생성물 B와 분리되어 반응기에 재 유입되고 생성물 B는 최종 생성된다.

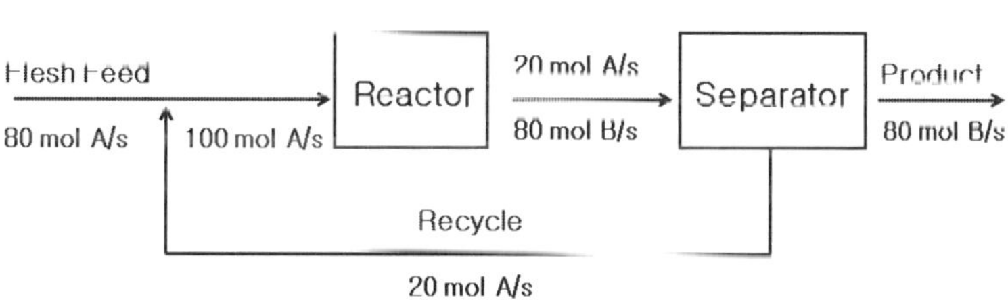

$$\text{Overall conversion} = \frac{80-0}{80} = 1$$

$$\text{Single-pass conversion} = \frac{100-20}{100} = 0.8$$

예제 11-9

Ethane의 탈수소반응에 의한 ethylene 생성반응이 recycle reactor에서 일어난다.

$$C_2H_6 \rightarrow C_2H_4 + H_2$$

Ethane의 전체전환율은 90%이다. 반응 후, 반응기로부터 나오는 ethane의 95%와 ethylene의 5%가 분리기를 거쳐 반응기로 recycle된다. 최종 생성물의 농도와 반응기에서 ethane의 single pass 전환율을 계산하라.

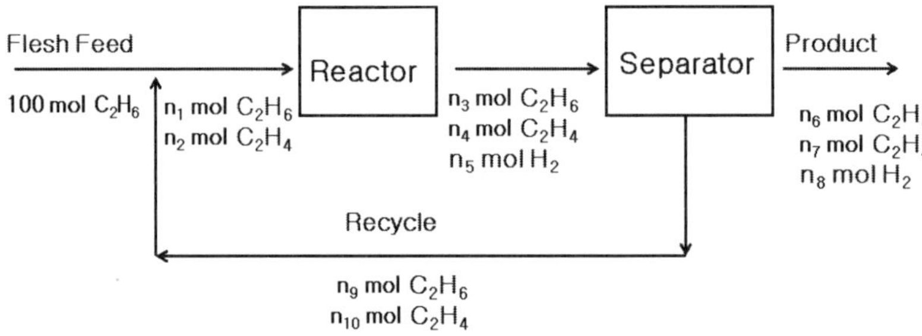

풀 이 Basis : 100 mol ethane feed

- 주어진 조건으로부터

$$\text{전체전환율} = 90\% : n_6 = 10 \text{ mol}$$

$$\text{Recycle조건}: n_9 = 0.95\, n_3,\ n_{10} = 0.05\, n_4$$

- 자유도 분석

이 공정에 대한 자유도 분석은 정체 공정을 한 개의 box로 나타낸 후 전체 공정의 자유도가 0인지 검토한다.

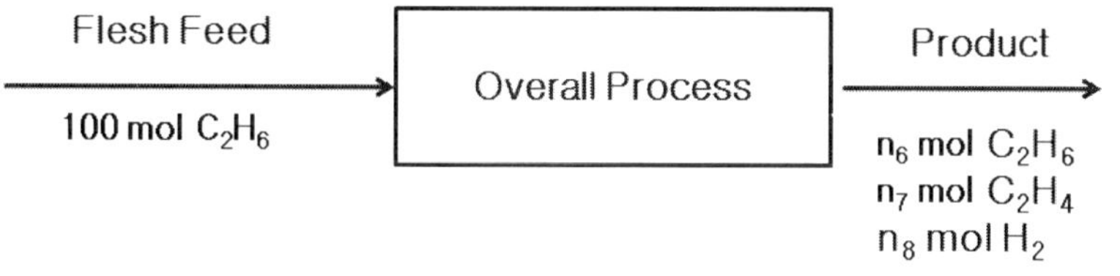

전체공정의 미지수의 개수 = 2 (n_7, n_8)

물질수지식의 개수 = 원자종류의 개수 = 2 (C, H)

자유도 = 2 - 2 = 0

① Overall process에 대한 물질수지

Atom	Input rate	=	Output rate
C	100x2	=	2x10 + $2n_7$
H	100x6	=	6x10+ $4n_7$+$2n_8$

n_7 = 90 mol

n_8 = 90 mol

② 분리기에 대한 물질수지

● 자유도 분석

미지수의 개수 = 5 (n_3, n_4, n_5, n_9, n_{10})

물질수지식의 개수 = 3 (C_2H_6, C_2H_4, H_2), 반응이 없으므로 물질수지식의 개수는 분자의 개수와 같다.

조건식의 개수 = 2 ($n_9 = 0.95\ n_3$, $n_{10} = 0.05\ n_4$)

자유도 = 5 - 3 - 2 = 0

Molecule	Input rate	=	Output rate
C_2H_6	n_3	=	$n_6 + n_9$
C_2H_4	n_4	=	$n_7 + n_{10}$
H_2	n_5	=	n_8

위 표의 3개의 물질수지식과 2개의 조건식으로부터

$$n_3 = 200\text{ mol},\ n_4 = 94.7\text{ mol},\ n_5 = 90\text{ mol}$$
$$n_9 = 190\text{ mol},\ n_{10} = 4.7\text{ mol}$$

③ 반응기 전의 mixing point에 대한 물질수지

$$n_1 = 100 + n_9 = 290\text{ mol}$$
$$n_2 = n_{10} = 4.7\text{ mol}$$

지금까지 계산결과를 도입한 recycle반응공정은 다음과 같다.

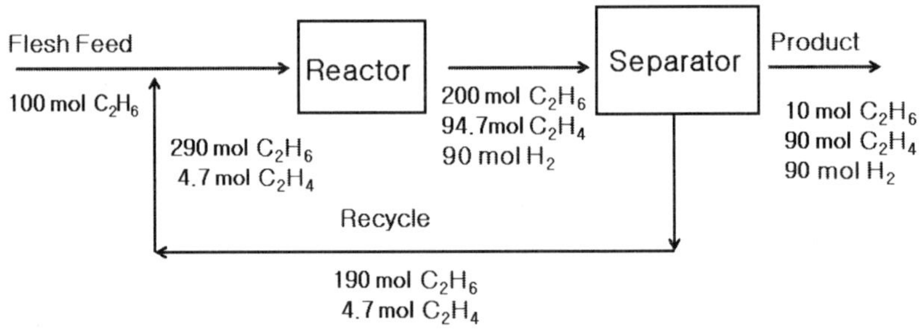

• 최종생성물의 농도

Component	mol	mol%
C_2H_6	10	5.2
C_2H_4	90	47.4
H_2	90	47.4
total	190	100

• Ethane의 single pass 전환율 $= \frac{290-200}{290} \times 100 = 31\%$

※ 반응기의 single pass 전환율이 31%에 불과하지만 recycle reactor를 사용해서 전체전환율이 90%로 상승되었다.

제 4 부 에너지 수지 (Energy Balance)

제 4 부의 궁극적인 목표는 화학공정 특히 정상상태 (steady state)의 연속공정 (continuous process)에서 계 (system)와 외부 (surrounding) 사이에 전달되는 열과 일 형태의 에너지 전달량을 계산하는 것이다.

이를 위해서 다음 그림과 같이 공정의 입력흐름과 출력흐름이 가지고 있는 엔탈피 형태의 비에너지 ($\hat{H}$)에 각각의 질량 흐름량 ($\dot{m}$)을 곱한 총 엔탈피 전달 량의 차이 ($\dot{m}_{out}\hat{H}_{out}$ - $\dot{m}_{in}\hat{H}_{in}$)를 구한 후 이 값으로부터 공정에 필요한 에너지 교환량 ($\dot{Q} + \dot{W}_s$) 을 계산한다. 여기에서 $\dot{W}_s$는 기계적인 일에너지 또는 전기에너지의 전달 속도 (J/s)이다. 이와 같이 계산된 열 혹은 일 형태의 에너지 전달량은 추후 공정의 열교환장치 설계 및 에너지 생산량/소요량 예측을 위한 기본 데이터로 사용되기 때문에 결과적으로 공정의 성공적인 운전을 보장하기 위해서 매우 중요한 역할을 하게 된다.

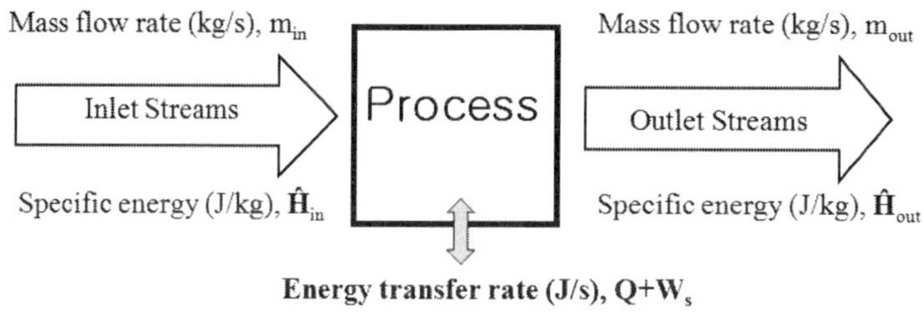

$$\textbf{Energy transfer rate (J/s), } Q+W_s = m_{out}\hat{H}_{out} - m_{in}\hat{H}_{in}$$

[Conclusive energy-balance diagram for continuous process being operated at steady state.]

에너지수지 계산을 위해서 제 4 부에서 다음과 같은 핵심 내용을 배운다.

- 여러 종류의 에너지에 대한 정의
- 에너지 수지식의 수립방법
- 물질의 엔탈피 계산방법
- 다양한 공정의 에너지 변화 계산방법
- 전체 공정의 에너지 전달량 결정 방법

즉 에너지 계산의 주목적은 장치 및 전체 공정의 에너지 소요량을 계산하는 것이다. 이를 위해서 배워야 할 중요한 내용은 다양한 물질의 온도, 압력 및 상 (phase) 변화에 따른 엔탈피의 변화량을 계산하는 방법이다.

12장 에너지의 종류

모든 종류의 에너지는 물질에 저장되어 물질 자체가 가지게 되는 저장에너지 (storage energy)와 물질에 저장되지 않고 경계면을 통해서 계와 외부 사이에 교환되는 전달에너지 (transfer energy)로 분류된다. 따라서, 열린계의 경우, 계와 외부사이에는 교환되는 물질이 가지고 있는 저장에너지와 열 및 일과 같은 전달에너지가 함께 전달된다. 반면에 닫힌계에서는 계와 외부 사이에 물질전달이 차단되어 있으므로 계와 외부사이에는 전달에너지만이 교환된다.

12.1 저징에너지와 전달에너지

1 저장에너지 (Storage Energy)

저장에너지에는 운동에너지, 위치에너지, 내부에너지 등이 있으며 에너지의 양은 물질의 양에 비례한다. 저장에너지는 계의 변화 경로에는 무관한 상태함수이다.

(1) 운동에너지 (E_k)

운동에너지는 시스템 전체의 움직임으로 인해서 발생하는 에너지이며 시스템의 무게 (m)와 시스템의 속도 (u)의 함수이다.

$$E_k = \frac{1}{2}mu^2$$

따라서 정지하고 있는 물질의 운동에너지는 0이며 대부분의 화학공학 장치의 운동에너지는 0 이다.

(2) 위치에너지 (E_p)

위치에너지는 시스템이 중력장, 전기장, 자기장 등의 영향을 받고 있을 때, 기준점에 대한 시스템의 위치 차이 때문에 발생하는 에너지이다. 중력의 영향을 받을 경우 시스템의 위치에너지는 시스템의 질량 (m)과 기준점으로부터의 높이 (h)의 함수이다. 이때 위치에너지의 기준점은 해수 표면이다.

$$E_p = mgh$$

대부분의 화학공학 장치는 운전 중 높이가 변하지 않으므로 위치에너지의 변화량은 0 이다.

(3) 내부에너지 (Internal Energy, U)

내부에너지는 물질의 속도나 위치에 관련 없이 물질이 가지고 있는 고유에너지이다. 따라서 운동에너지나 위치에너지가 0인 물질도 항상 내부에너지를 가지고 있다. 내부에너지는 물질을 구성하고 있는 분자들이 가지고 있는 에너지의 총 합이다. 즉 분자들이 가지고 있는 공유결합에너지, 분자 사이의 비공유결합에너지, 분자운동에너지, 분자위치에너지, 전자기 에너지 등 계를 이루고 있는 입자들이 가지고 있는 모든 종류의 에너지의 합이다.

계가 가지고 있는 내부에너지의 절대 값을 알아내는 것은 거의 불가능하다. 다음 그림과 같이 다양한 종류의 에너지가 무수히 많은 분자나 입자에 존재하므로 이들 값들을 모두 알아내는 것은 불가능하기 때문이다. 그러나 계의 온도, 압력, 상 (phase), 조성 등의 변화에 따른 내부에너지 변화 값을 실험을 통해서 측정하거나 기존의 자료들을 이용해서 계산하는 것은 가능하다.

물질의 상이 변하지 않을 경우 물질의 내부에너지는 물질의 온도에 따라서 변화하며 압력변화에 대해서는 매우 조금 변화한다. 따라서 물질의 상이 변하지 않을 경우 물질의 내부에너지는 온도만의 함수로 가정할 수 있다. 대부분의 화학공정은 비행물체처럼 움직이거나 높이가 변하지 않으므로 화학공정의 저장에너지 중 내부에너지만이 가장 중요한 저장에너지이다.

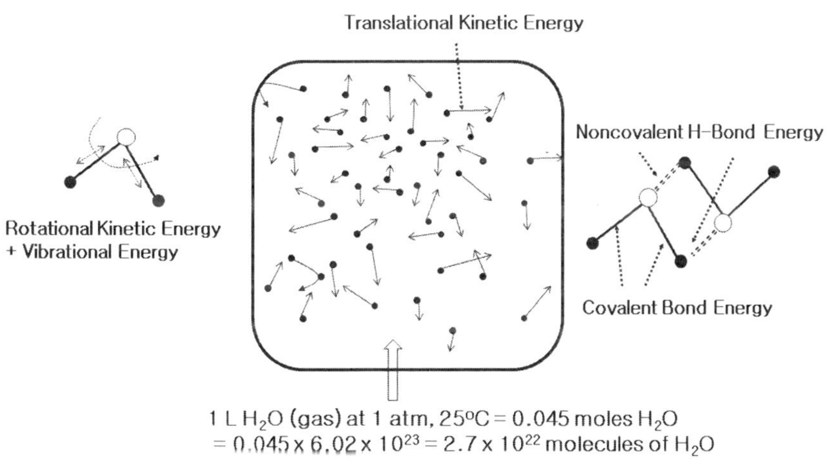

Fig. 12-1 Various types of intermolcoular and intramolecular energies for 1 L of H_2O gas at 1 atm and 25℃.

2 전달에너지 (Transfer Energy)

전달에너지에는 경계면을 통해서 계와 외부 사이에 전달되는 에너지로서 열과 일이 있으며 물질전달량과 무관하다. 전달에너지는 계의 변화가 일어나는 경로에 따라서 값이 변하는 경로함수이다. 전달에너지가 경로함수인 사실은 다음에 설명될 부피변화에 따른 일에너지 크기의 계산 예를 통해서 알 수 있다.

(1) 열에너지 (Heat, Q)

계와 외부의 온도 차이에 의해서 전달되는 에너지를 열에너지라고 한다. 열에너지의 전달속도는 다음식과 같다.

$$\dot{Q} = hA\,\Delta T$$

여기에서 $\dot{Q}$의 단위는 J/s, A는 경계면의 면적 (m^2), ΔT 는 계와 외부의 온도차이 (℃, °K), h는 열전달계수이다.

(2) 일 (Work, W)

계와 외부사이의 온도 차이에 의한 열에너지 전달 이외에 교반, 전기에너지, 부피변화 등 방법으로 전달되는 에너지가 있으며 이들을 일 (W)이라고 한다.

(3) 전달에너지의 부호

일부 "화학공정계산"에 관련된 저서에서는 전달에너지 특히 일에너지의 부호를 여기에서와는 반대로 사용하기도 한다. 그러나 에너지 수지식의 일관성을 위해서 전달에너지의 부호는 에너지가 외부로부터 계로 전달되어 계의 에너지가 증가하면 양의 부호 (+), 에너지가 계로부터 외부로 전달되어 계의 에너지가 감소하면 음의 부호 (-)를 갖도록 한다.

전달 에너지가 양 (+)의 값을 갖는 공정 : 가열 (Heating), 압축, 교반
전달 에너지가 음 (-)의 값을 갖는 공정 : 냉각 (Cooling), 팽창, 터빈

12.2 일 (Work)

1 일의 종류

일은 물체에 가해진 힘 (F)과 물체가 이 힘의 작용에 의해서 움직인 거리 (ds)의 scalar 곱으로 나타낸다. 일반적으로는 다음 식으로 나타낸다.

$$W = \int_{state1}^{state2} F \cdot ds$$

(1) PV Work

계의 부피가 팽창하거나 수축할 때 전달되는 에너지를 PV-일 이라고 한다. 일의 정의로부터 계의 부피변화에 따른 일에너지의 크기는 다음 식과 같이 계에 가해지는 외부압력 (P_{ext})과 계의 부피변화량 (ΔV)의 곱으로 계산한다. 이 식에서 A는 외부압력이 가해지는 방향의 계의 단면적이다.

$$W = -F_{ext}\Delta l = -P_{ext}A\Delta l = -P_{ext}\Delta V$$

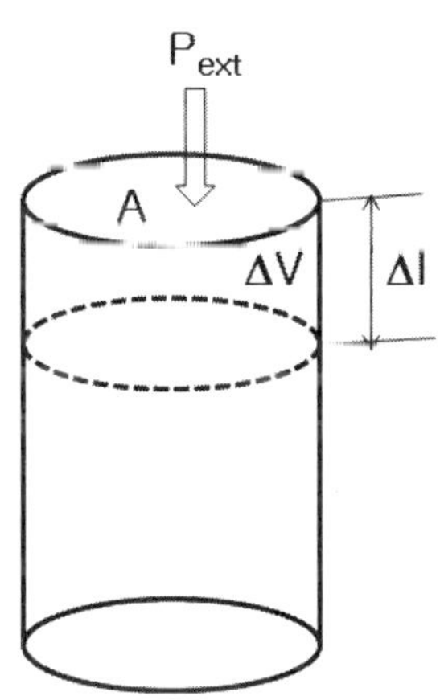

① 일정한 온도에서의 계의 압축에 필요한 일에너지의 크기

계가 압축되면 외부에서 일을 가해야 하므로 계의 에너지 값은 증가한다. 따라서 일 W는 양 (positive, +)의 값을 가진다. 계의 압축에 필요한 일의 값은 압축경로에 따라서 달라진다. 다음 그림과 같이 P_2크기의 외부압력에 의해서 계의 부피가 일시에 V_1에서 V_2로 압축될 경우 일의 값 (W_1)은 검은색 사각형 부분의 면적과 같다.

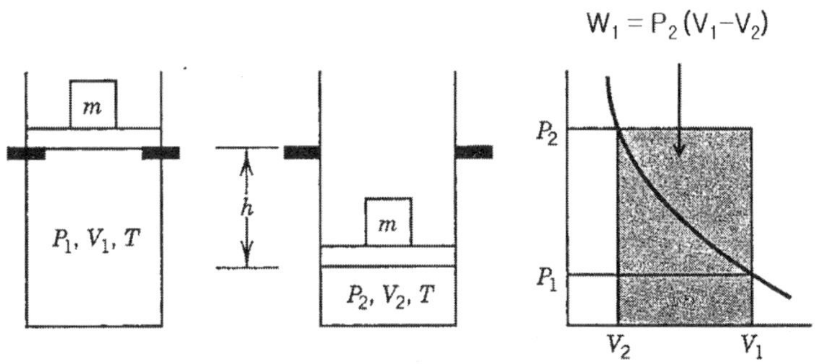

Fig. 12-2 Irreversible compression of an ideal gas by external pressure of P_2 through one-step operation at constant temperature.

다음과 같이, 만일 계의 부피가 두 단계에 걸쳐서 압축될 경우 일에너지의 크기는 W_2, 세 단계를 거쳐서 압출되면 W_3, 그리고 무한히 작은 단계로 가역적으로 압축될 경우 W_{rev} 값이 된다. 따라서 일에너지의 크기는 압축경로에 따라서 달라지며 가역 경로를 통해서 압축될 경우 최솟값이 된다. 즉 계가 가역적으로 압축될 경우 외부로부터 최소한의 일에너지가 소모된다.

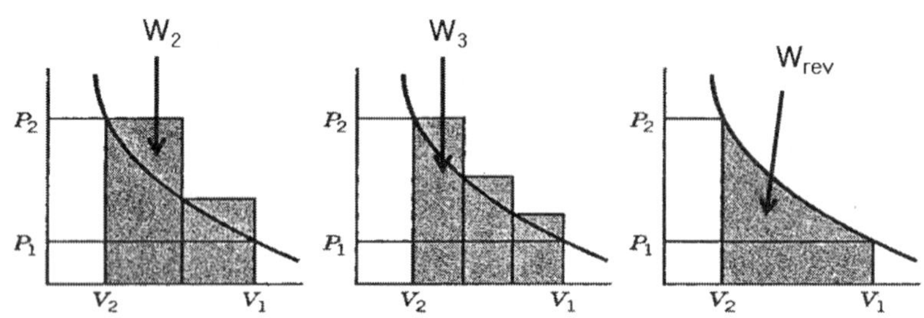

Fig. 12-3 Irreversible compression of an ideal gas through multiple-step operation or by reversible compression at constant temperature.

② 일정한 온도에서의 계의 팽창에 필요한 일에너지의 크기

계가 팽창되면 계가 외부에 일을 해주게 되므로 계의 에너지 값은 감소한다. 따라서 일 W는 음 (negative, -)의 값을 가진다. 다음 그림과 같이 외부압력 (P_{ext})이 P_2일 때 계의 부피가 일시에 V_1에서 V_2로 팽창될 경우 일의 값 (W_1)은 검은색 사각형 부분의 면적과 같다.

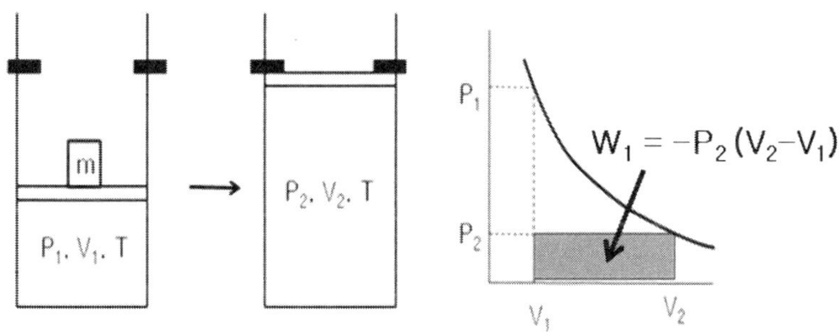

Fig. 12-4 Irreversible expansion of an ideal gas under external pressure of P_2 through one-step operation at constant temperature.

다음과 같이, 만일 계의 부피가 두 단계에 걸쳐서 팽창될 경우 일에너지의 크기는 W_2, 세 단계를 거쳐서 팽창되면 W_3, 그리고 무한히 작은 단계로 가역적으로 팽창될 경우 W_{rev} 값이 된다. 따라서 일에너지의 크기는 압축경로에 따라서 달라지며 가역 경로를 통해서 팽창될 경우 일의 절대 값은 최댓값이 된다. 즉 계가 가역적으로 팽창될 경우 외부는 계로부터 최대의 일에너지를 얻을 수 있다.

대부분의 화학공정의 경우 계의 부피가 변하는 일은 매우 희박하므로 PV-일은 무시된다. PV 일은 일에너지가 초기상태와 나중 상태가 동일한 변화에서도 경로에 따라서 값이 달라지는 경로함수임을 잘 보여준다.

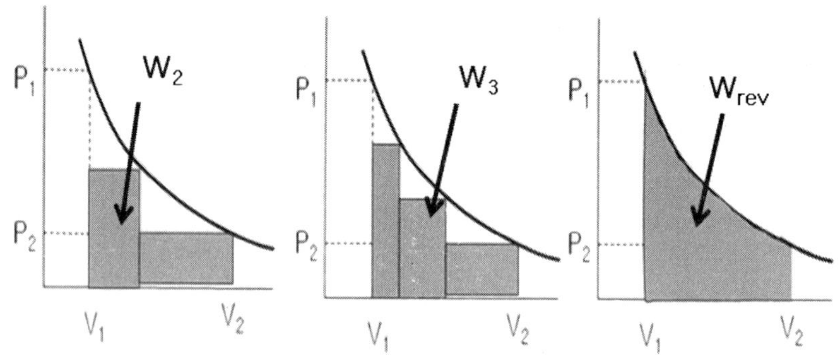

Fig. 12-5 Irreversible expansion of an ideal gas through multiple-step operation or by reversible expansion at constant temperature.

(2) 흐름일 (Flow work, W_{fl})

흐름일은 계로 물질이 흘러들어가거나 흘러나올 때 수반되는 일이다. 외부에서 계로 물질이 흘러들어갈 경우에는 계의 압력에 대항해서 외부에서 일을 해 주어야 하므로 계는 외부로부터 에너지를 얻게 된다. 따라서 입력 흐름에 따른 흐름일은 양(positive)값을 가진다. 반면에 계로부터 물질이 흘러나올 경우 물질을 유출시키기 위해서 계에서 외부로 일을 해주어야 하므로 흐름일은 음 (negative)값을 가진다. 흐름일은 다음과 같이 공기를 외부로부터 계인 튜브 안으로 주입하는 경우를 예를 들어서 설명할 수 있다. 즉 공기를 불어 넣을 경우 외부에서 계로 일 형태의 에너지를 공급해 주어야 하므로 계의 에너지가 증가하게 된다.

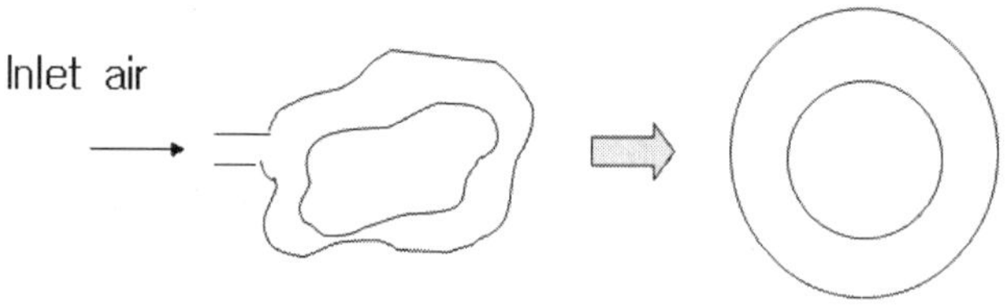

반면에 팽팽한 튜브에서 공기가 나올 경우 계는 일에너지를 잃게 된다.

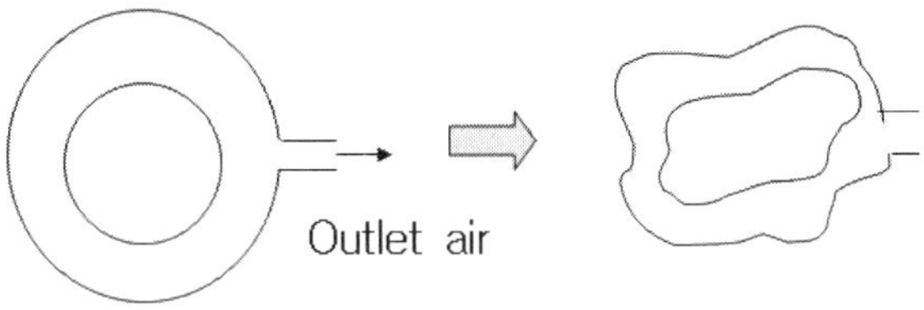

공정 혹은 장치의 입력흐름 및 출력흐름에 수반된 흐름에너지의 양은 다음 식과 같이 입구와 출구에서의 압력과 각각의 유량의 곱으로 계산한다. 흐름일의 단위는 일률과 같은 단위 (J/s)이다.

$$\dot{W}_{in}(J/s) = P_{in}(N/m^2)\ \dot{V}_{in}(m^3/s)$$

$$\dot{W}_{out}(J/s) = P_{out}(N/m^2)\ \dot{V}_{out}(m^3/s)$$

$$\dot{W}_{fl}(J/s) = PS\ \dot{V}_{in} - P_{out}\ \dot{V}_{out}$$

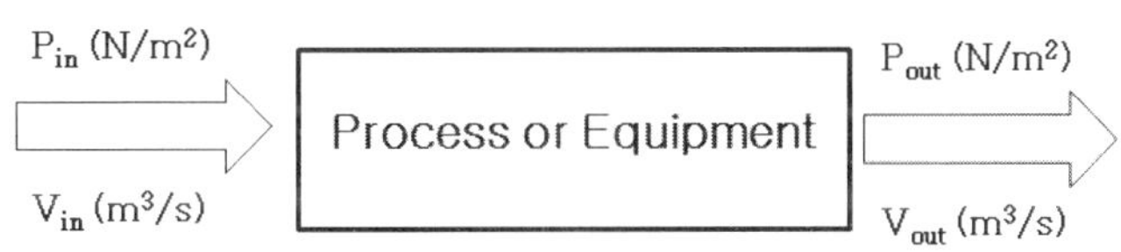

입력흐름과 출력흐름이 다수일 경우에는 흐름일의 양은 다음과 같은 일반식을 사용해서 계산된다.

$$\dot{W}_{fl} = \sum P_{in}\dot{V}_{in} - \sum P_{out}\dot{V}_{out}$$

흐름일은 에너지 수지식의 유도과정에서 알 수 있듯이 물질의 입출력이 없는 닫힌 계의 경우에는 존재하지 않으며 물질 흐름이 있는 열린계의 경우 내부에너지 (U) 대신 엔탈피를 사용함으로써 에너지 수지식에 나타나지 않게 된다.

(3) 축일 (Shaft work, W_s)

다음과 같이 교반기에 의해서 계에 전달되는 에너지를 축일이라고 한다.

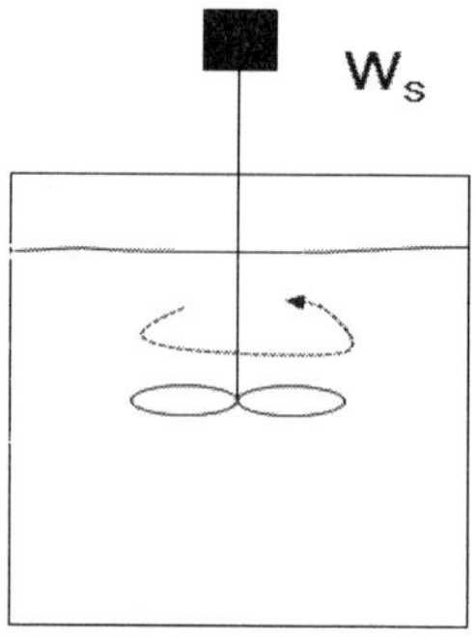

대부분의 화학공정에서 교반은 매우 자주 이루어지므로 축일은 PV-일에 비해서 중요한다. 축일에 관련된 장치는 펌프, compressor, 터빈, 교반기 등이 있다.

(4) 기타 형태의 일

열에너지와 일에너지 이외에 계와 외부 사이에 전달되는 에너지로는 전기에너지, 자기에너지 등의 전달에너지가 있다. 특히 전기에너지의 경우 전기분해장치나 연료전지 등 전기에너지 관련 공정에서 중요하다.

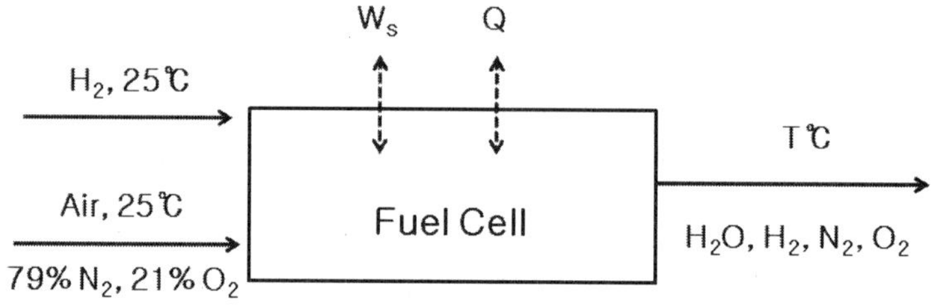

2 일에너지 전달 장치의 종류

화학공정에서는 일에너지를 전달하기 위해서 다음과 같은 대표적인 장치를 사용하고 있다. 이들 장치는 공정계산 교과목의 다양한 예들에서 나타난다.

- 펌프 (Pump) : 펌프는 액체의 압력을 증가시켜 액체흐름에 일을 전달한다. 이 때 액체의 온도는 거의 변하지 않는다.

- 압축기 (Compressor) : Compressor는 기체의 압력을 증가시킴으로서 기체에 일을 전달하는 장치이다. 이 때 기체의 온도는 압력증가와 함께 올라간다.
- Blower : Blower는 기체에 compressor보다 작은 크기의 일에너지를 공급하며 이 때 기체의 압력은 약간 증가한다.
- 터빈 (Turbine) : 터빈은 고압의 기체로부터 전기에너지를 생성하는 장치이며 이 때 기체의 압력은 감소한다.
- Expansion valve : Expansion valve는 기체의 압력을 줄이기 위해서 사용되며 이 때 터빈과는 달리 일에너지는 생성되지 않는다.

※ 유도에너지 (Derived Energy)

계에 대한 에너지 계산을 편리하게 하기 위해서 저장에너지로부터 유도된 에너지들이 사용된다. 공정계산에서 가장 중요한 유도에너지는 엔탈피 (H)이다. 엔탈피는 내부에너지와 부피 (V) 및 압력 (P)로부터 다음식과 같이 유도된다.

$$H = U + PV$$

그밖에 유도에너지로는 계의 자발적인 변화방향을 예측하기 위해서 사용되는 Gibbs 자유에너지 (G)가 있다. Gibbs 자유에너지는 엔탈피와 물질의 온도 (T) 그리고 엔트로피 (S)로부터 다음식과 같이 유도된다.

$$G = H - TS$$

화학공정계산에서 가장 중요한 에너지는 엔탈피이며, 열역학 및 물리화학 교과목에서 계의 평형상태를 분석하기 위해서 사용되는 에너지는 Gibbs 자유에너지이다.

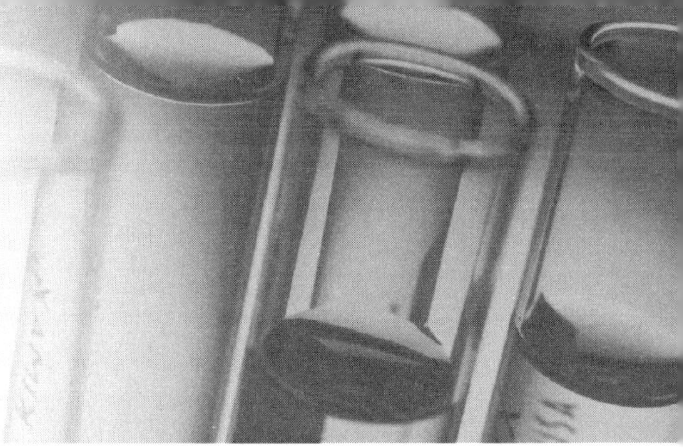

13장 에너지 수지식

13.1 에너지 전달속도 (Watt = Joule/sec)

화학공정에서 다루는 주요 공정은 연속식 공정이므로 에너지 값 자체 보다 입력흐름 및 출력흐름이 가지고 있는 에너지의 전달속도와 전달에너지에 의한 에너지의 전달속도가 더욱 중요하다.

• 유동에너지의 전달속도 ($\dot{E}_k$)는 다음식과 같이 물질전달속도 $\dot{m}$ (kg/s)과 선속도 u (m/ε)를 사용해서 계산한다.

$$\dot{E}_k(J/s) = \frac{1}{2}\dot{m}u^2$$

• 위치에너지의 전달속도 ($\dot{E}_p$)는 나음식과 같이 물질진달속도 m (kg/s), 기준섬으로부터의 높이 h (m), 그리고 중력가속도 g (= 9.8m/s^2)를 사용해서 계산한다.

$$\dot{E}_p(J/s) = \dot{m}gh$$

- 에너지 관련 변수 사이의 관계식

에너지 값 자체를 나타내는 변수 : E

단위질량당 에너지 값을 나타내는 변수 : $\hat{E}$

에너지 전달속도를 나타내는 변수 : $\dot{E}$

이들 세 종류의 에너지 변수들 사이의 관계식은 다음과 같다.

$$E(J) = \dot{E}(J/s) \times time(s)$$
$$E(J) = \hat{E}(J/kg) \times mass(kg)$$
$$\dot{E}(J/s) = \hat{E}(J/kg) \times \dot{m}(kg/s)$$

예제 13-1

액체물 (H_2O)이 pipe를 통해서 20 kg/s의 유량으로 20 m 위의 지점으로 보내진다. Pipe 윗부분 출구의 직경은 10 cm이고 아랫부분 입구의 직경은 20 cm이다. 단 입구와 출구에서의 압력은 서로 같다고 가정한다.

① 이 시스템의 입구와 출구에서의 운동에너지와 위치에너지의 흐름량을 구하여라.
② 이 시스템에서 사용하여야 할 펌프의 이론적인 용량을 계산하라.

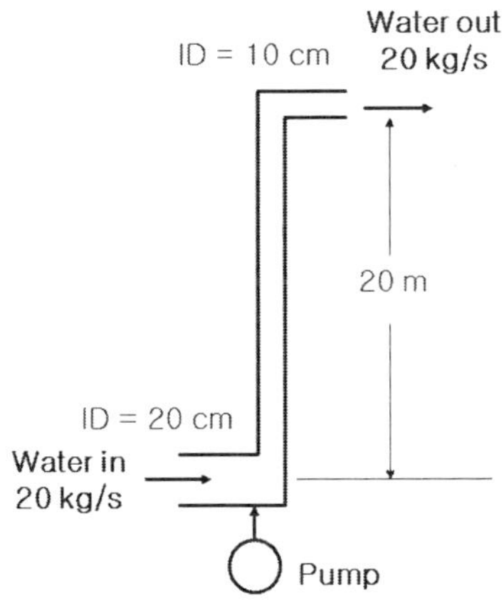

풀 이

① 운동에너지와 위치에너지의 흐름속도를 구하기 위해서 질량속도와 선속도를 계산한다.

질량속도 : $\dot{m}\,(kg/s) = 20\,kg/s$

입구에서의 선속도 : $u_1 = \frac{20\,kg}{s}\frac{10^{-3}m^3}{kg}\frac{1}{\pi(10\,cm)^2}(\frac{100\,cm}{1\,m})^2 = 0.637\,m/s$

출구에서의 선속도 : $u_2 = \frac{20\,kg}{s}\frac{10^{-3}m^3}{kg}\frac{1}{\pi(5\,cm)^2}(\frac{100\,cm}{1\,m})^2 = 2.55\,m/s$

입구에서의 운동에너지 흐름량 .

$$\dot{E}_{k1}\,(J/s) = \frac{1}{2}\dot{m}\,u_1^2 = \frac{1}{2}\,\frac{20\,kg}{s}\,(\frac{0.637\,m}{s})^2\,\frac{1\,J}{1\,kg\,m^2/s^2} = 4.06\,J/s$$

출구에서의 운동에너지 흐름량:

$$\dot{E}_{k2}\,(J/s) = \frac{1}{2}\dot{m}\,u_2^2 = \frac{1}{2}\,\frac{20\,kg}{s}\,(\frac{2.55\,m}{s})^2\,\frac{1\,J}{1\,kg\,m^2/s^2} = 65.0\,J/s$$

입구에서의 위치에너지 흐름량 : $\Delta h = 0 \rightarrow \dot{E}_{p1}(J/s) = \dot{m} g \Delta h = 0$

출구에서의 위치에너지 흐름량 :

$$\dot{E}_{p2}(J/s) = \dot{m} g \Delta h = \frac{20\,kg}{s}\frac{9.8\,m}{s^2}\frac{20\,m}{}\frac{1\,J}{1\,kg\,m^2/s^2} = 3{,}920\,J/s$$

에너지 흐름량 계산결과 :

Flow Rate of Energy	Inlet	Outlet
Kinetic Energy	4.06 J/s	65.0 J/s
Potential Energy	0 J/s	3,920 J/s
Total Energy	4.06 /s	3,985 J/s

② 출구에서의 에너지 흐름량이 입구에서의 에너지 흐름량보다 약 3,981 J/s 크다. 따라서 이 계에서 사용할 펌프의 이론적인 용량은 약 3,981 J/s (Watt)이다.

13.2 에너지 수지식

1 에너지 수지 일반식

물질수지식 수립과 마찬가지로 에너지 수지식을 수립하기 위해서 에너지의 축적, 에너지의 생성, 에너지소멸, 에너지 입력, 에너지 출력 등 5가지 항을 생각할 수 있다. 그러나 화학공정의 경우 에너지는 시스템 내에서 생성되거나 소멸되지 않는다. 따라서 에너지 생성과 소멸 항은 무시한다. 따라서 에너지의 축적항, 에너지의 입력, 에너지의 출력항 등 3가지의 항만 고려하면 된다.

• 시스템의 총 저장에너지 : 시스템의 총에너지는 운동에너지, 위치에너지, 내부에너지의 합이다.

$$E_{total} = E_k + E_p + U$$

• 시스템의 총 저장에너지의 변화율 : 시스템이 가지는 총에너지의 시간에 대한 변화율은 시스템의 총에너지의 시간에 대한 미분 항으로 다음과 같이 나타낸다.

$$\frac{dE_{total}}{dt} = \frac{d(E_k + E_p + U)}{dt}$$

대부분의 화학공정은 움직이거나 높이가 변하지 않는 정지되어 있는 시스템이므로 운동에너지와 위치에너지의 시간에 대한 변화율은 영 (0)이다. 즉

$$\frac{dE_k}{dt} = 0 = \frac{dE_p}{dt}$$

따라서

$$\frac{dE_{total}}{dt} = \frac{d(E_k + E_p + U)}{dt} = \frac{dE_k}{dt} + \frac{dE_p}{dt} + \frac{dU}{dt} \approx \frac{dU}{dt}$$

• 시스템으로 전달되는 에너지로는 열린계의 경우 입력흐름 및 출력흐름이 가지고 있는 총 에너지와 시스템 경계면을 통한 열에너지와 일에너지 형태의 전달에너지가 있다. 입력흐름 및 출력흐름에 의한 에너지의 전달량은 다음식과 같다.

$$\sum_{inlet\,streams} (\dot{E}_k + \dot{E}_p + \dot{U}) \;-\; \sum_{outlet\,streams} (\dot{E}_k + \dot{E}_p + \dot{U})$$

시스템 경계면을 통한 전달에너지는 다음과 같다.

$$\dot{Q} + \dot{W}$$

- 에너지 수지일반식

위의 에너지 변화율과 에너지 전달 항들을 합하면 다음과 같은 일반식을 얻을 수 있다.

$$\frac{dU_{system}}{dt} = \sum_{inlet\,streams} (\dot{E}_k + \dot{E}_p + \dot{U}) - \sum_{outlet\,streams} (\dot{E}_k + \dot{E}_p + \dot{U}) + \dot{Q} + \dot{W}$$

위의 에너지수지 일반식을 그림으로 나타내면 다음과 같다.

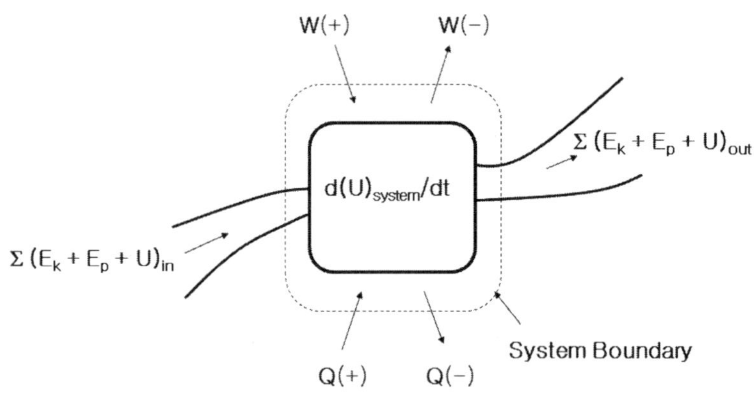

Fig. 13-1 General diagram of inlet- and outlet-energies across system boundary for an open system.

2 닫힌계에 대한 에너지 수지식

닫힌계의 경우 시스템으로의 입력흐름 및 출력흐름이 없으므로 물질흐름에 따른 전달 에너지는 없다 즉

$$\sum_{inlet\,streams}(\dot{E}_k+\dot{E}_p+\dot{U}) = 0 = \sum_{outlet\,streams}(\dot{E}_k+\dot{E}_p+\dot{U})$$

따라서 에너지 수지식은 다음과 같이 단순화 된다.

$$\frac{dU_{system}}{dt} = \dot{Q}+\dot{W}$$

일정한 기간에 대한 에너지 수지식의 적분형태는 다음과 같다.

$$\Delta U_{system} = U_{final} - U_{initial} = Q+W$$

위의 닫힌계에 대한 에너지 수지일반식을 그림으로 나타내면 다음과 같다.

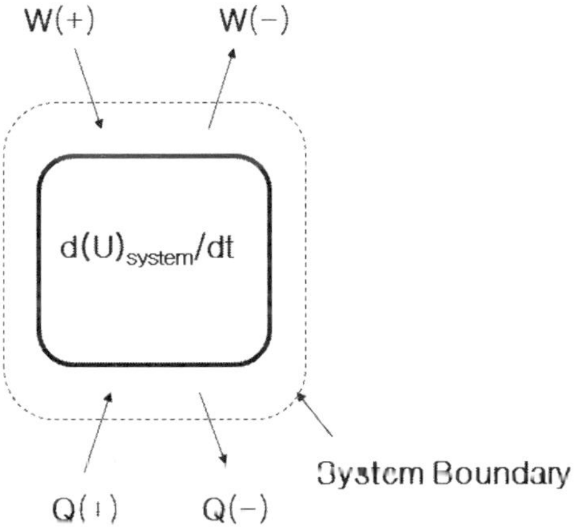

Fig. 13-2 Diagram of inlets and outlets of transfer energies across system boundary for a closed system.

위의 닫힌계에 대한 에너지 수지식은 다음과 같은 특수공정에 대해서 적용하면 더욱 단순해진다.

Process	Characteristic	Energy Balance Equation
Isothermal	T = constant	$\Delta U_{system} = 0 = Q + W$
Adiabatic	System is insulated or $T_{system} = T_{surroundings}$	$Q = 0,\ \Delta U_{system} = W$
Isometric	V = constant	$W = 0,\ \Delta U_{system} = Q$

예제 13-2

등온 비가역 압축-팽창 cycle에 대한 에너지 수지식 적용 및 분석

이상기체 1 mol이 부피가 20 L인 닫힌 실린더에 들어있다. 이 기체의 온도는 25℃ 이다.

① 이 기체가 비가역적으로 등온 압축되어 최종압력이 초기 압력의 2배가 되었을 때 계와 외부사이에 교환되는 열에너지와 일에너지의 크기를 구하여라. 단 등온압축 과정은 초기압력의 2배인 일정한 외부압력에 의해서 압축된다.

초기 압력 (P_i)을 계산하기 위해서 이상기체상태방정식을 사용한다.

$$P_i = nRT/V_i = 1\ \text{mol} \times 0.083\ \text{L} \cdot \text{bar} \times (273+25)\text{K}/(\text{mol} \cdot {}^{o}\text{K} \times 20\ \text{L})$$
$$= 1.24\ \text{bar}$$

등온압축을 발생시키는 외부압력과 최종압력 (P_f)은

$$P_f = 2\ P_i = 2.48\ \text{bar}$$

최종부피 (V_f) = 10 L

위의 비가역 등온압축과정은 다음과 같은 P-V 도표에 나타낼 수 있다.

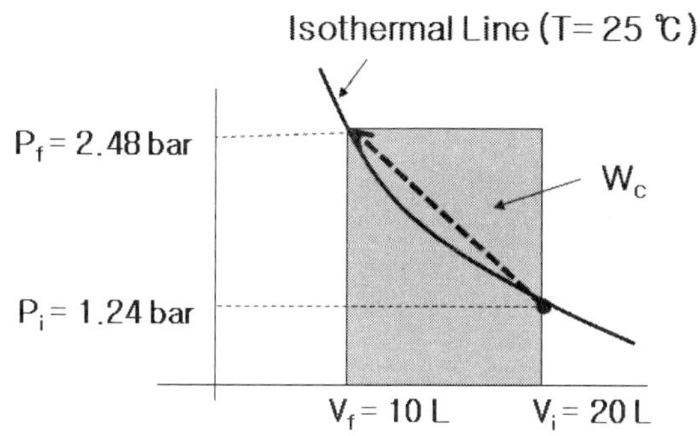

Fig. 13-3 Irreversible compression of an ideal gas under the constant pressure of 2.48 bar at 25℃.

기체가 등온 압축될 경우 초기 상태와 최종상태의 온도가 같으므로 실린더 내부에 있는 기체의 내부에너지의 값은 변하지 않는다. 따라서,

에너지 식 : $\Delta U_{system} = U_{final} - U_{initial} = Q_c + W_c = 0$

$$Q_c = -W_c < 0,$$

이때,

$W_c > 0$: 일은 외부에서 계로 전달되며 일 전달량의 부호는 양 (+) 이다.

$Q_c < 0$: 열은 계의 내부에서 외부로 전달되며 열전달 량의 부호는 음 (-)이다. 즉 등온 압축의 경우 계의 온도가 일정하게 유지되기 위해서 계는 냉각되어야 한다.

압축과정에서 계에 전달된 일에너지 (W_c)의 크기는 위 P-V 도표에서 짙은색 직사각형의 넓이와 같다. 즉

$$W_c = -P_f(V_f - V_i) = -2.48 \text{ bar} \times (10-20)\,L$$

$$= 24.8 \text{ (bar·L)} \times 100 \text{ J/(bar·L)} = 2{,}480 \text{ J}$$

압축과정에서 계와 외부사이에 교환된 열에너지의 값은

$$Q_c = -W_c = \text{-2,480 J}$$

② 압축된 기체가 역으로 비가역적으로 등온 팽창되어 초기 압력으로 되돌아 왔을 경우, 계와 외부사이에 교환되는 열에너지와 일에너지의 크기를 구하여라. 단 등온팽창 과정은 초기압력 (1.24 bar)과 동일한 일정한 외부압력에 의해서 팽창된다.

이의 비가역 등온팽창과정은 다음과 같은 P-V 도표에 나타낼 수 있다.

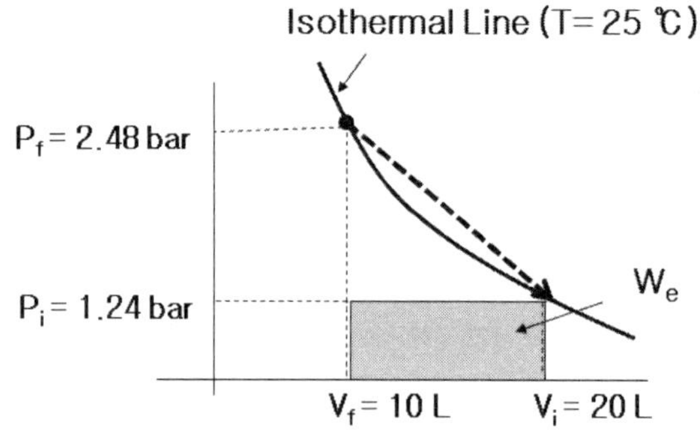

Fig. 13-4 Irreversible expansion of an ideal gas under the constant pressure of 1.24 bar at 25℃.

기체가 등온 팽창될 경우에도 기체의 온도는 일정하므로 실린더 내부에 있는 기체의 내부에너지의 값은 변하지 않는다. 따라서,

에너지 식 : $\Delta U_{system} = U_{final} - U_{initial} = Q_e + W_e = 0$

$$Q_e = -W_e < 0,$$

이때,

$W_e < 0$: 일은 계에서 외부로 전달되며 일전달량은 음 (-)의 값을 갖는다.

$Q_e > 0$: 열은 외부에서 계로 전달되며 열전달량은 양 (+)의 값을 갖는다. 즉 등온 팽창될 경우 계의 온도가 일정하게 유지되기 위해서 계로 열에너지가 공급되어야 한다.

팽창과정에서 계에서 외부로 전달된 일에너지의 크기는 위 P-V 도표에서 검은색 직사각형의 넓이와 같다. 즉

$$W_e = -P_i(V_i - V_f) = \text{-1.24 bar} \times (20-10)\,L$$

$$= \text{-12.4 (bar·L) x 100 J/(bar·L)} = \text{-1,240 J}$$

압축과정에서 계와 외부사이에 교환된 열에너지의 값은

$$Q_e = -W_e = 1{,}240\,J$$

③ 위의 등온압축과 등온팽창으로 이루어진 압축-팽창 cycle이 1회 이루어질 경우 계와 외부사이의 열에너지와 일에너지의 교환량을 구하여라.

등온 비가역 팽창-압축 cycle의 경우 계의 내부에너지는 일정하다. 즉,

$$\Delta U_{system} = U_{final} - U_{initial} = Q_{cycle} + W_{cycle} = 0$$

$$W_{cycle} = W_c + W_e \text{ , since } |W_c| > |W_e| \text{ , } W_{cycle} > 0$$

$$Q_{cycle}(=-W_{cycle}) = Q_c + Q_e \text{ , since } |Q_c| > |Q_e| \text{ , } Q_{cycle} < 0$$

이 cycle에 대한 계와 외부사이의 일에너지 전달량은,

$$W_{cycle} = W_c + W_e = \text{2,480 J - 1,240 J = 1,240 J}$$

계와 외부사이의 열에너지 교환량은,

$$Q_{cycle}(=-W_{cycle}) = Q_c + Q_e = \text{-2,480 J + 1,240 J = -1,240 J}$$

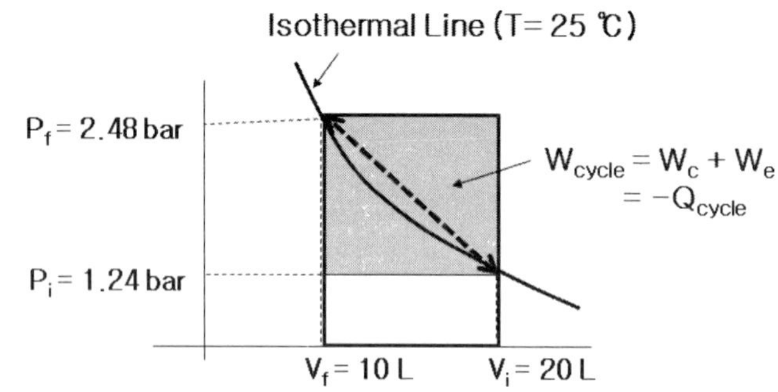

Fig. 13-5 One cycle of irreversible expansion-compression of an ideal gas at 25℃.

외부의 관점에서 본다면 이러한 비가역 등온압축-등온팽창 cycle이 1회 이루어질 때마다 일에너지가 1,240J 손실되며 손실된 일에너지의 크기와 같은 크기의 에너지가 열에너지로서 전환되는 결과를 초래한다. 이러한 일에너지 손실량은 등온압축-등온팽창과정을 P-V 도표상의 등온곡선에 가까워지도록 여러 번에 걸쳐서 시행하여 줄일 수 있게 된다. 이상적으로는 압축과 팽창 cycle을 가역적으로 실시하면 일에너지의 손실이 없다. 그러나 가역과정은 실제로 실현이 불가능한 과정이다.

3 열린계에 대한 에너지 수지식

열린계에 대한 에너지 수지식으로는 일반 에너지 수지식을 사용한다. 그러나 대부분의 연속식 화학공정은 장기간에 걸쳐서 운전되므로 시스템은 정상상태 (steady state)에 있게 된다. 따라서 시스템의 내부에너지는 일정한 값으로 유지되므로 일반 에너지 수지식에서 시스템 내부에너지의 미분 항은 영 (0)이 된다.

$$\frac{dU_{system}}{dt} = 0 = \sum_{inlet\,streams} (\dot{E}_k + \dot{E}_p + \dot{U}) - \sum_{outlet\,streams} (\dot{E}_k + \dot{E}_p + \dot{U}) + \dot{Q} + \dot{W}$$

위의 식을 다시 적으면 다음과 같다.

$$\sum_{outlet\,streams}(\dot{E}_k+\dot{E}_p+\dot{U})-\sum_{inlet\,streams}(\dot{E}_k+\dot{E}_p+\dot{U})=\dot{Q}+\dot{W}$$

일전달 에너지를 흐름일 (W_{fl}) 그리고 교반일과 전기에너지와 같은 그 외 일 (W_s)로 구분한다. 흐름 일을 입력흐름 및 출력흐름의 압력 (P)과 부피흐름 ($\dot{V}$)의 곱으로 나타내면 다음과 같다.

$$\dot{W}=\dot{W}_s+\dot{W}_{fl}=\dot{W}_s+\sum_{inlet}P\dot{V}-\sum_{outlet}P\dot{V}$$

일에너지 식을 에너지 수지식에 대입하면 다음 식을 얻을 수 있다.

$$\sum_{outlets}(\dot{E}_k+\dot{E}_p+\dot{U})-\sum_{inlets}(\dot{E}_k+\dot{E}_p+\dot{U})=\dot{Q}+\dot{W}_s+\sum_{inlets}P\dot{V}-\sum_{outlets}P\dot{V}$$

$$\sum_{outlets}(\dot{E}_k+\dot{E}_p+\dot{U}+P\dot{V})-\sum_{inlets}(\dot{E}_k+\dot{E}_p+\dot{U}+P\dot{V})=\dot{Q}+\dot{W}_s$$

엔탈피의 정의는 다음식과 같다.

$$\dot{H}=\dot{U}+P\dot{V}$$

엔탈피 식을 에너지 수지식에 대입하면 다음과 같은 최종적인 에너지 수지식을 얻는다.

$$\sum_{outlets}(\dot{E}_k+\dot{E}_p+\dot{H})-\sum_{inlets}(\dot{E}_k+\dot{E}_p+\dot{H})=\dot{Q}+\dot{W}_s$$

이제 시스템의 에너지는 내부에너지에서 엔탈피로 바뀌었으며 입력흐름 및 출력흐름에 수반되는 흐름일 (W_{fl}) 항은 에너지 수지식에서 사라졌다. 따라서 위의 에너지 수지식에서 W_s는 PV-일 및 흐름일을 제외한 교반일, 전기에너지 등 모든 전달에너지를 포함한다. 결과적으로 시스템의 에너지를 엔탈피로 나타내면 흐름일 (flow work)항에 대해서는 더 이상 고려할 필요가 없다.

여기에서 식을 간단하게 하기 위해서 다음 부호를 사용하면

$$\Delta = \sum_{outlets} - \sum_{inlets}$$

$$\Delta \dot{E}_k + \Delta \dot{E}_p + \Delta \dot{H} = \dot{Q} + \dot{W}_s$$

대부분의 화학공정에서 프로세스의 출력흐름과 입력흐름 사이의 운동에너지의 차이 및 위치에너지의 차이는 엔탈피의 차이에 비하면 매우 작다. 즉

$$\Delta \dot{E}_k ,\ \Delta \dot{E}_p \ll \Delta \dot{H}$$

따라서 운동에너지와 위치에너지의 차이를 무시하면 다음과 같이 매우 단순한 최종 에너지 수지식을 얻게 된다.

$$\boxed{\Delta \dot{H} = \sum_{outlets} \dot{H} - \sum_{inlets} \dot{H} = \dot{Q} + \dot{W}_s}$$

이 식은 공정계산 교과목에서 가장 중요한 식이다.

화학공정에 대한 에너지 수지식의 수립 및 계산의 목적은 열에너지 ($\dot{Q}$)나 일에너지 ($\dot{W}_s$) 형태의 전달에너지의 양을 구하는 것이다. 이들 값들은 각각 추후 열교환기의 용량설계 및 에너지 생산량/소요량을 추정하기 위해서 중요하게 위해서 사용된다. 이들 값은 위의 에너지 수지식을 이용해서 계산해야 하며 이를 위해서 여러 가지 공정의 입력 및 출력물질의 엔탈피를 결정해야한다. 본 교과목에서는 다양한 물질의 온도, 압력, 상변화에 따른 엔탈피의 결정방법을 설명하는 것이 주요 내용이다.

예제 13-3 연소반응기

연소반응기는 연료를 연소시켜 열에너지를 회수하기 위한 장치이다. 입력흐름에 포함된 연료는 연소반응 생성물인 CO_2 및 H_2O보다 엔탈피가 높으며 연료의 엔탈피는 열에너지의 생성을 위해서 이용된다.

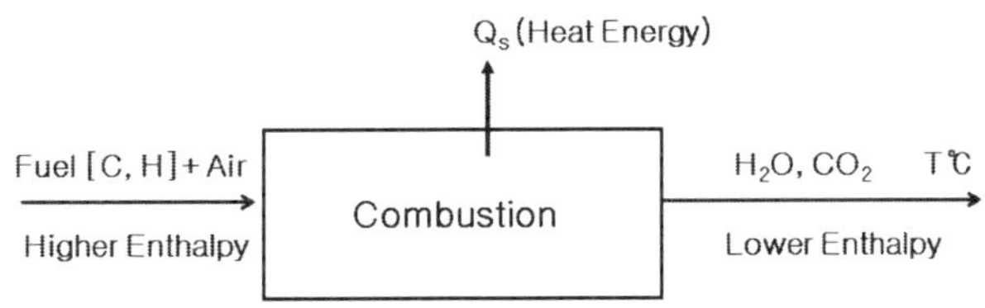

$$\sum_{inlets} \dot{H} - \sum_{outlets} \dot{H} = -\dot{Q} - \dot{W}_s \approx -\dot{Q} > 0$$

예제 13-4 수소연료전지

수소연료전지는 수소가 가지고 있는 화학에너지를 전기에너지로 변환하는 장치이다. 입력흐름에 함유된 수소는 생성물인 H_2O보다 엔탈피가 높으며 이 엔탈피 차이는 일의 형태인 전기에너지를 생성하기 위해서 이용된다.

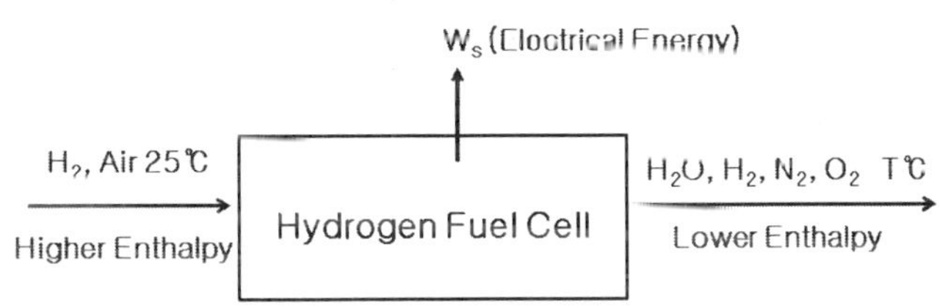

$$\sum_{inlets} \dot{H} - \sum_{outlets} \dot{H} = -\dot{Q} - \dot{W}_s \approx -W_s > 0$$

에너지 수지식 요약

◆ 에너지수지 일반식

$$\frac{d(E_k+E_p+U)_{system}}{dt}=\sum_{inlets}(\dot{E}_k+\dot{E}_p+\dot{U})-\sum_{outlets}(\dot{E}_k+\dot{E}_p+\dot{U})+\dot{Q}+\dot{W}$$

◆ 화학공정에 대한 에너지수지 일반식

$$\frac{d(E_k)_{system}}{dt}=0,\quad \frac{d(E_p)_{system}}{dt}=0$$

$$\frac{dU_{system}}{dt}=\sum_{inlets}(\dot{E}_k+\dot{E}_p+\dot{U})-\sum_{outlets}(\dot{E}_k+\dot{E}_p+\dot{U})+\dot{Q}+\dot{W}$$

◆ 닫힌계 에너지 수지식

$$\frac{dU_{system}}{dt}=\dot{Q}+\dot{W}\text{, 또는 }\Delta U_{system}=U_{final}-U_{initial}=Q+W$$

※ 닫힌계의 경우 flow work (W_{fl})은 존재하지 않는다.

◆ 정상상태의 열린계에 대한 에너지 수지식

$$\sum_{outlets}(\dot{E}_k+\dot{E}_p+\dot{H})-\sum_{inlets}(\dot{E}_k+\dot{E}_p+\dot{H})=\dot{Q}+\dot{W}_s$$

※ 열린계의 경우 flow work ($\dot{W}_{fl}$)은 내부에너지 $\dot{U}$대신 엔탈피 $\dot{H}$를 사용함으로서 식에 나타나지 않는다.

◆ 정상상태의 연속식 화학공정에 대한 최종 에너지 수지식

$$\Delta\dot{H}=\sum_{outlets}\dot{H}-\sum_{inlets}\dot{H}=\dot{Q}+\dot{W}_s$$

13.3 비에너지 (Specific Energy)를 이용한 열린계에 대한 에너지 수지식

실제로 화학공정에 대한 에너지 식을 적용할 경우 에너지의 흐름속도를 각 흐름의 질량속도와 비에너지의 곱으로 나타내는 것이 편리하다. 다음의 일반적인 에너지 관계식을 에너지 수지식에 적용하면

$$\dot{E}\,(\mathrm{J/s}) = \hat{E}\,(\mathrm{J/kg}) \times \dot{m}\,(kg/s)$$

$$\sum_{outlets} \dot{m}\,(\widehat{E_k} + \widehat{E_p} + \widehat{H}) \;-\; \sum_{inlets} \dot{m}(\widehat{E_k} + \widehat{E_p} + \widehat{H}) = \dot{Q} + \dot{W_s}$$

여기에서 $\dot{m}$은 각 흐름의 질량유속이고, 각 흐름의 비운동에너지 및 비위치에너지는 $\widehat{E_k} = u^2/2$, $\widehat{E_p} = gh$식으로부터 구한다. 이 식들에서 u는 흐름의 선속도 (m/s)이고, g는 중력가속도, h는 기준점으로부터 흐름의 높이가 된다.

각 흐름에 대해서 $|\Delta \dot{E_p}|$, $|\Delta \dot{E_k}| \ll |\Delta \dot{H}|$ 일 경우, 이 식을 더욱 간단히 하면 다음 식이 된다.

$$\boxed{\sum_{outlets} \dot{m}\,\widehat{H} \;-\; \sum_{inlets} \dot{m}\widehat{H} = \dot{Q} + \dot{W_s}}$$

앞으로는 각 흐름 물질의 비엔탈피 $\widehat{H}$값을 여러 조건에서 구하는 다양한 방법을 배우게 된다.

예제 13-5

터빈을 이용해서 스팀으로부터 전기를 생산하려고 한다. 터빈에 유입되는 스팀은 40 bar, 500℃이고 터빈에서 유출되는 스팀은 1 bar, 150℃이다. 스팀의 유출 위치는 유입위치보다 10 m 아래에

있다. 질량흐름속도는 2,000 kg/h이다. 스팀의 유입과 유출에 사용되는 관의 직경은 10 cm이다. 이 터빈이 단열되어 있을 경우 $\Delta \dot{E}_k$, $\Delta \dot{E}_p$, $\dot{W}_s$ 의 값을 구하여라.

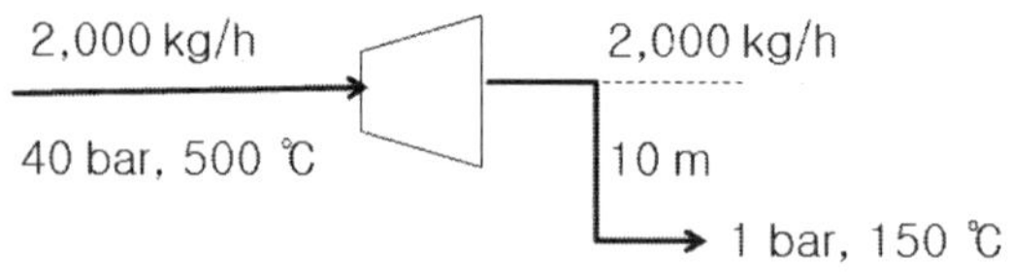

유입되는 스팀과 유출되는 스팀의 물성은 다음 표와 같다.

Property	40 bar, 500℃	1 bar, 150℃
$\Delta\hat{H}$ (kJ/kg)	3,445	2,776
$\hat{V}$ (m^3/kg)	0.0864	1.94

풀 이

$$\dot{m} = 2{,}000 \frac{kg}{h} \frac{1\,h}{3{,}600\,s} = 0.556\,kg/s$$

유입되는 스팀의 선속도

$$u_1 = \frac{\dot{V}_1}{\pi r^2} = \frac{\hat{V}_1 \dot{m}}{\pi r^2} = \frac{0.0864\,m^3}{kg} \frac{0.556\,kg}{s} \frac{1}{3.14} \frac{1}{(0.05\,m)^2} = 6.12\,m/s$$

유출되는 스팀의 선속도

$$u_2 = \frac{\dot{V}_2}{\pi r^2} = \frac{\hat{V}_2 \dot{m}}{\pi r^2} = \frac{1.94\,m^3}{kg} \frac{0.556\,kg}{s} \frac{1}{3.14} \frac{1}{(0.05\,m)^2} = 137\,m/s$$

$$\Delta \dot{E}_k = \frac{\dot{m}}{2}(u_2^2 - u_1^2) = \frac{0.556\,kg/s}{2}(137^2 - 6.12^2)\,\frac{m^2}{s^2} \frac{1\,kJ}{10^3\,kg\,m^2/s^2} = 5.21\,kJ/s$$

$$\Delta \dot{E}_p = \dot{m}g(h_2 - h_1) = \frac{0.556\,kg}{s}\frac{9.8\,m}{s^2}(-10\,m)\frac{1\,kJ}{10^3\,kg\,m^2/s^2} = -0.0545\,kJ/s$$

$$\Delta \dot{H} = \dot{m}(\widehat{H}_2 - \widehat{H}_1) = \frac{0.556\,kg}{s}(2{,}776 - 3{,}445)\frac{kJ}{kg} = -372\,kJ/s$$

단열공정이므로, $\dot{Q} = 0$

정상상태 열린계에 대한 에너지 수지식을 사용하면,

$$\sum_{outlets}(\dot{E}_k + \dot{E}_p + \dot{H}) - \sum_{inlets}(\dot{E}_k + \dot{E}_p + \dot{H}) = \dot{Q} + \dot{W}_s$$

$$\Delta\dot{E}_k + \Delta\dot{E}_p + \Delta\dot{H} = \dot{W}_s = (5.21 - 0.0545 - 372)\,kJ/s = -367\,kJ/s = -367\,kW$$

이 예제를 통해서 $|\Delta\dot{E}_p| \ll |\Delta\dot{E}_k| \ll |\Delta\dot{H}|$ 의 관계를 확인할 수 있다.

13.4 기계적 에너지 수지식 (Bernoulli 식)

또 다른 형태의 에너지 수지식으로서 기계적 에너지 수지식이 존재한다. 이 에너지 식에는 운동에너지항, 위치에너지항, 압력에 의한 에너지항 등 기계적인 에너지항 들만이 포함되어 있기 때문에 기계적 에너지 수지식이라고 불린다.

(1) 기계적 에너지 수지식의 유도

여기에서는 가장 간단한 시스템을 가지고 기계적 에너지 수지식을 유도한다. 다음 그림과 같이 경사각이 θ 인 pipe안에 비압축성 (incompressible)유체가 흐른다고 가정한다. 이때 pipe의 단면적 S는 일정하고 파이프 벽면에 의한 마찰손실은 없다고 가정한다. 계를 pipe의 길이 ΔL내에 존재하는 유체라고 하면 이 유체부분에 대해서 다음의 힘에 대한 정의 식을 적용한다.

$$\text{힘에 대한 정의} : F = ma$$

다음 그림과 같이 계에 가해지는 힘의 종류가 다수일 경우에는 다음과 같은 식을 사용한다.

$$\sum_i F_i = ma$$

유체의 질량 $m = \rho S \Delta L$ (ρ = 유체의 밀도)

벽면의 힘 F_w는 영향을 미치지 않는다. 힘의 종류는 입구 부분의 압력에 의한 힘, 출구 부분의 압력에 의한 힘, 그리고 중력에 의한 힘이 있다. 특히 중력에 의한 힘은 유체의 흐름과 평행한 성분만을 고려한다. 즉

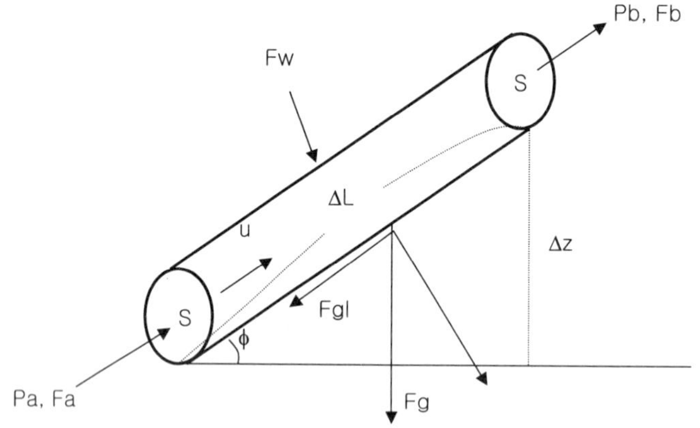

Fig. 13-6 Different types of force on the incompressible fluid flowing inside a pipe with constant cross-sectional area.

$$F_{gl} = F_g \sin\theta = F_g \frac{\Delta Z}{\Delta L}$$

이 유체가 가해지는 중력은

$$F_g = mg = \rho S \Delta L g$$

이므로

$$F_{gl} = F_g \frac{\Delta Z}{\Delta L} = \rho Sg\, \Delta L \frac{\Delta Z}{\Delta L} = \rho Sg\, \Delta Z$$

유체의 흐름과 평행한 방향의 힘의 총 합은

$$\sum F = F_a - F_b - F_{gl} = P_a S - P_b S - \rho Sg \Delta Z$$

한편

$$ma = \rho S \Delta L \frac{\Delta u}{\Delta t} = \rho S \Delta L \frac{\Delta u}{\Delta L} \frac{\Delta L}{\Delta t} = \rho S \Delta L \frac{\Delta u}{\Delta L} u = \rho S u \Delta u$$

또한 미분공식에 의해서

$$\rho S u \Delta u = \rho S\, \Delta \left(\frac{u^2}{2}\right)$$

이므로

$$ma = \rho S\, \Delta \left(\frac{u^2}{2}\right)$$

최종적으로

$$\sum F = F_a - F_b - F_{gl} = P_a S - P_b S - \rho S g \Delta Z = \rho S \Delta\left(\frac{u^2}{2}\right)$$

좌변 항들을 우변으로 옮기고 양변을 ρS로 나누면

$$\Delta\left(\frac{u^2}{2}\right) + g\Delta Z + \frac{\Delta P}{\rho} = 0$$

여기에서 $\Delta P = P_b - P_a$

따라서 위의 식을 다시 적으면

$$\Delta\left(\frac{u^2}{2} + gZ + \frac{P}{\rho}\right) = 0$$

또는

$$\frac{u^2}{2} + gZ + \frac{P}{\rho} = constant$$

파이프 내의 두 지점 a, b에 대해서 위의 식을 적으면 더욱 이해하기 쉽다. 즉

$$\frac{u_a^2}{2} + gZ_a + \frac{P_a}{\rho} = \frac{u_b^2}{2} + gZ_b + \frac{P_b}{\rho}$$

파이프의 입구부분과 출구부분의 단면적이 다를 경우에도 위와 같은 방법을 적용할 수 있으나 유도과정은 더욱 복잡해진다. 그러나 결과적으로 같은 식을 얻을 수 있게 되므로 여기에서는 단면적이 일정한 보다 간단한 경우를 이용해서 유도하였다.

② 기계적 에너지 수지식의 응용

실제 유체흐름 시스템의 경우 외부에서 pump 등을 이용해서 shaft work을 가해주거나 파이프에 의한 마찰손실이 발생하게 된다. 이러한 일의 더함이나 손실 항을 기계적 에너지 수지식에 더해주면 다음의 식을 얻을 수 있다.

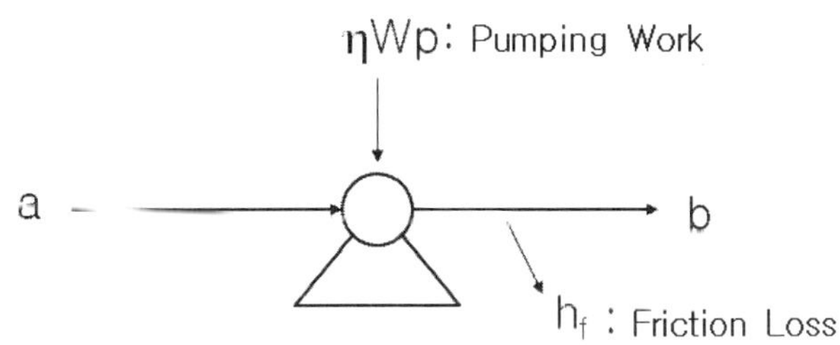

$$\frac{u_a^2}{2} + gZ_a + \frac{P_a}{\rho} + \eta W_p - h_f = \frac{u_b^2}{2} + gZ_b + \frac{P_b}{\rho}$$

여기에서 η는 펌프효율을, h_f는 마찰 손실을 나타낸다. 위의 식에서 각 항의 단위는 J/kg이다.

③ 기계적 에너지 수지식과 일반 에너지 수지식과의 관계

기계적 에너지 수지식과 일반 에너지 수지식은 서로 어떤 관계가 있을까? 두 에너지 수지식은 나음에 설명된 것 과 같이 동일한 에너지 수지식이다. 이 두식을 동일한 시스템에 적용할 경우 보다 유용한 결과를 얻을 수 있다.

입출력 흐름이 있는 정상상태의 열린계에 대한 일반 에너지 수지식은 다음과 같다.

$$\sum_{outlets} \dot{m}(\widehat{E}_k + \widehat{E}_p + \widehat{H}) - \sum_{inlets} \dot{m}(\widehat{E}_k + \widehat{E}_p + \widehat{H}) = \dot{Q} + \dot{W}_s$$

비교를 쉽게 하기 위해서 입력위치 a와 출력위치 b에 대해서 위의 식을 적용하면 다음과 같다.

$$\dot{m}\left(\frac{u_b^2}{2}+gZ_b+\widehat{H}_b\right)-\dot{m}\left(\frac{u_a^2}{2}+gZ_a+\widehat{H}_a\right)=\dot{Q}+\dot{W}_s$$

양변을 질량흐름속도 m으로 나누면

$$\left(\frac{u_b^2}{2}+gZ_b+\widehat{H}_b\right)-\left(\frac{u_a^2}{2}+gZ_a+\widehat{H}_a\right)=\frac{\dot{Q}}{\dot{m}}+\frac{\dot{W}_s}{\dot{m}}$$

$$\frac{u_a^2}{2}+gZ_a+\widehat{H}_a+\frac{\dot{Q}}{\dot{m}}+\frac{\dot{W}_s}{\dot{m}}=\frac{u_b^2}{2}+gZ_b+\widehat{H}_b$$

위 식의 좌변 우변의 각항들은 J/kg 단위를 가진다. 이 식에 다음의 엔탈피와 내부에너지 관계식을 적용하면

$$\hat{H}=\hat{U}+P\hat{V}=\hat{U}+\frac{P}{\rho}$$

최종적으로 다음식이 얻어진다.

$$\frac{u_a^2}{2}+gZ_a+\frac{P_a}{\rho}+\hat{U}_a+\frac{\dot{Q}}{\dot{m}}+\frac{\dot{W}_s}{\dot{m}}=\frac{u_b^2}{2}+gZ_b+\frac{P_b}{\rho}+\hat{U}_b$$

$$\frac{u_a^2}{2}+gZ_a+\frac{P_a}{\rho}+\hat{U}_a-\hat{U}_b+\frac{\dot{Q}}{\dot{m}}+\frac{\dot{W}_s}{\dot{m}}=\frac{u_b^2}{2}+gZ_b+\frac{P_b}{\rho}$$

위 식을 다음의 기계적 에너지 수지식과 비교하면

$$\frac{u_a^2}{2} + gZ_a + \frac{P_a}{\rho} + \eta W_p - h_f = \frac{u_b^2}{2} + gZ_b + \frac{P_b}{\rho}$$

펌프일은 다음관계를 가진다.

$$\eta W_p = \frac{\dot{W}_s}{\dot{m}}$$

또한 마찰에 의한 에너지 손실량은 입출력 흐름의 내부에너지 변화량과 계의 열전달속도에 대해서 다유 관계를 가진다,

$$h_f = -(\hat{U}_a - \hat{U}_b) - \frac{\dot{Q}}{\dot{m}}$$

위 식이 실제의 현상을 설명해주는지는 다음과 같은 예를 이용해서 설명할 수 있다.

(1) 마찰이 있는 단열된 관 내부를 유체가 흐를 경우

경험적으로 마찰에 의해서 열이 발생하고 관이 단열되어 있으므로 출력흐름의 온도가 입력흐름의 온도보다 높아지는 것을 예상할 수 있다. 위 식에 의하면 단열관의 경우 $\dot{Q}$ 값이 영 (0)이다. 즉

$$h_f = -(\hat{U}_a - \hat{U}_b)$$

h_f는 양수이므로, $(\hat{U}_a - \hat{U}_b) < 0$ 이고 따라서 $\hat{U}_a < \hat{U}_b$이다. 즉 출력흐름의 유체의 온도가 입력흐름의 유체의 온도보다 높다는 것을 보여준다.

(2) 마찰이 있는 관의 입출력 흐름의 온도가 같을 경우

경험적으로 마찰에 의해서 열이 발생하고 입출력흐름의 온도를 같게 하기 위해서는 관을 식혀주어야 한다는 것을 알 수 있다. 위 식에 의하면 입출력의 온도가 같으므로

$\hat{U}_a = \hat{U}_b$이다. 따라서 $h_f = -\frac{\dot{Q}}{\dot{m}}$ 이다. h_f는 양수이므로,

$\dot{Q}$는 음 값을 가진다. 즉 위 식은 이 경우 열에너지를 제거해야 된다는 것을 보여준다.

예제 13-6

저수지의 물을 수직 높이 차이가 100 m 위의 장소에 공급하려고 한다. 공급파이프의 직경은 6 cm이며 파이프의 경사각도는 45°이다. 마찰손실, h_f (J/kg)는 0.2xl이며 여기에서 l은 파이프의 길이(m)이다. 물의 공급량이 100 L/min가 되기 위해서 필요한 pump의 일률 (kW)을 구하라. 펌프의 효율은 100%로 가정한다.

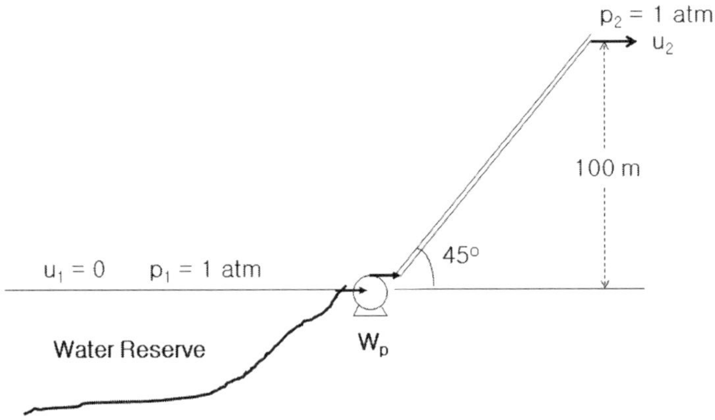

풀 이

저수지 표면에서 u_1=0, Z_1=0

물이 공급되는 곳을 위치에서 Z_2=100 m

$$u_2 = \frac{100L}{\min}\ \frac{1\min}{60s}\ \frac{1m^3}{1000L}\ \frac{1}{\pi(0.03m)^2} = 0.590 \text{ m/s}$$

$$P_1 \approx P_2$$

마찰손실 : $h_f = 0.2 \times l = 0.2\sqrt{2}\,Z_2 = 28.3$ J/kg ($\sin 45° = \frac{1}{\sqrt{2}}$)

$$\dot{m} = \frac{100L}{\min}\,\frac{1\min}{60s}\,\frac{1kg}{1L} = 1.67 \text{ kg/s}$$

위의 값들은 기계적 에너지 수지식에 대입하면

$$\frac{u_1^2}{2} + gZ_1 + \frac{P_1}{\rho} + \frac{\dot{W}_p}{\dot{m}} - h_f = \frac{u_2^2}{2} + gZ_2 + \frac{P_2}{\rho}$$

$$\dot{W}_p = \dot{m}\left(\frac{u_2^2}{2} + gZ_2 + h_f\right)$$

$$= \frac{1.67\,kg}{s}\left(\frac{1}{2}0.590^2\,m^2/s^2 + 9.8\,m/s^2 \times 100\,m + 28.3\,J/kg\right)$$

$$= 1{,}684 \text{ J/s} = 1.684 \text{ kW}$$

예제 13-7

액체 H_2O가 60 kg/min의 질량유속으로 단열된 수평 파이프를 통해서 흐르고 있다. 수편 파이프의 직경은 일정하지 않다. 이 파이프의 두 위치에서의 data는 다음과 같다.

	Point 1	Point 2
P_{abs}	3 atm	1 atm
ID	4 cm	8 cm

① 두 지점 사이의 마찰손실 (h_f) 값 (J/kg)을 구하라.

② 두 지점 사이의 온도차를 구하라.

풀 이

물의 부피유속 :

$$\dot{V} = \frac{60\,kg}{\min}\frac{1\,m^3}{10^3\,kg}\frac{1\,\min}{60\,s} = 0.001\,m^3/s$$

두 지점에서 물의 유속:

$$u_1 = \frac{\dot{V}}{\pi r_1^2} = \frac{0.001\,m^3/s}{3.14\,(0.02\,m)^2} = 0.796\,m/s$$

$$u_2 = \frac{\dot{V}}{\pi r_2^2} = \frac{0.001\,m^3/s}{3.14\,(0.04\,m)^2} = 0.199\,m/s$$

두 지점 사이의 기계적 에너지 수지식 :

$$\frac{u_1^2}{2} + g\,Z_1 + \frac{P_1}{\rho} + \eta\,W_p - h_f = \frac{u_2^2}{2} + g\,Z_2 + \frac{P_2}{\rho}$$

$Z_1 = Z_2,\ W_p = 0$ 이므로

$$\frac{u_1^2}{2} + \frac{P_1}{\rho} - h_f = \frac{u_2^2}{2} + \frac{P_2}{\rho}$$

$$h_f = -\frac{u_2^2 - u_1^2}{2} - \frac{P_2 - P_1}{\rho}$$

$$= -\frac{(0.199^2 - 0.796^2)}{2}\frac{m^2}{s^2}\frac{1\,J}{1\,kg\,m^2/s^2} - \frac{(1-3)\,atm}{10^3\,kg\,m^{-3}}\frac{1.013\times10^5\,N\,m^{-2}}{1\,atm}\frac{1\,J}{1\,N\,m}$$

$= 203\,\mathrm{J/kg}$

② 두 지점 사이의 온도 차이를 구하기 위해서 일반 에너지 수지식 이용한다.

$$\dot{m}(\Delta\widehat{E}_k + \Delta\,\widehat{E}_p + \Delta\widehat{H}) = \dot{Q} + \dot{W}_s$$

$\Delta\widehat{E}_p = 0,\ \dot{Q} = 0,\ \dot{W}_p = 0$ 이므로

$$\dot{m}(\Delta\widehat{E}_k + \Delta\widehat{H}) = 0$$

$$\Delta\widehat{H} = -\,\Delta\widehat{E}_k = -\frac{(0.199^2 - 0.796^2)}{2}\frac{m^2}{s^2}\frac{1\,J}{1\,kg\,m^2/s^2} = 0.297\,J/kg$$

물의 열용량 : $\widehat{C}_p(H_2O, l) = 4{,}189\,J/(kg\ ℃)$ 이므로

$$\Delta T = \frac{\Delta\widehat{H}}{\widehat{C}_p} = \frac{0.297\,J/kg}{4{,}189\,J/kg-℃} = 7\times10^{-5}\,℃$$

14장 반응이 없는 공정에 대한 에너지 계산

14.1 가상적인 가역과정

어느 물질의 온도, 압력, 농도 등이 정해진 특정 상태에서의 내부에너지 또는 엔탈피의 절대 값을 구하는 것은 불가능하다. 그러나 물질의 상태변화에 따른 내부에너지와 엔탈피 변화를 구하는 것은 가능하며 공정계산에서 필요한 값들은 내부에너지 혹은 엔탈피의 절대 값이 아닌 상태변화에 따른 변화량 들이다.

또한 계의 내부에너지 및 엔탈피는 상태함수로서 계의 초기상태와 최종상태만 주어지면 그 변화 값은 경로와 관계없이 동일하다. 그러나 실제로 변화 값을 구하기 위해서는 변화경로를 아는 것이 필요하다. 즉 초기상태에서 최종상태까지 변화경로를 알지 못하면 내부에너지와 엔탈피 값의 변화량을 계산할 수 없다. 실제로 발생하는 공정은 모두 비가역과정이므로 그 경로를 정확하게 알기 어렵다. 그러나 저장에너지들은 상태함수이므로 이것은 문제가 되지 않는다. 전체 비가역 과정을 다수의 경로를 알 수 있는 가역과정의 조합으로 나타내고 각 가역과정에 대한 내부에너지와 엔탈피 변화 값을 계산할 수 있으면 그 변화 값들의 합이 전체 비가역 과정의 저장에너지 변화 값과

동일하다. 즉

$$\Delta\hat{H}_{total} = \sum_{path} \Delta\hat{H}_i$$

여기에서 $\Delta\hat{H}_{total}$ 는 실제 전체과정의 엔탈피 변화 값, $\Delta\hat{H}_i$는 각 가상적인 가역과정의 엔탈피 변화 값이다.

다음의 예는 실제 비가역 과정을 다수의 가역과정의 조합으로 나타내는 방법을 보여준다. 이 때 대략적인 P-T 상도표를 이용하면 편리하다.

예제 14-1

고체 acetic acid (10℃, 1 atm)를 300℃, 2 atm의 증기로 가열하는 공정을 가상 가역과정의 조합으로 나타내라.

자료 : 1 atm에서 acetic acid의 녹는 온도 = 16.6℃, 끓는 온도 = 118.2℃.

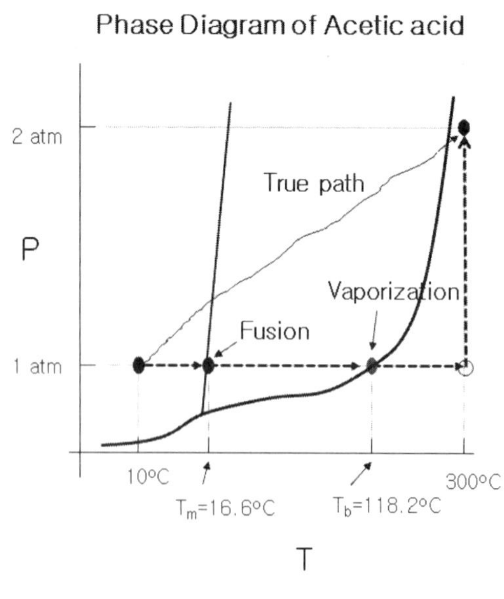

위의 도표와 같이, 실제 고체 acetic acid의 증발 경로 (true path)는 정확하게 나타낼 수 없다. 그러나 실제 과정을 다음과 같이 6개의 가상적인 가역과정의 조합으로 나타낼 수 있다.

① 1 atm에서 고체 acetic acid를 10℃ 에서 녹는점 16.6℃ 까지 가열
② 1 atm, 16.6℃ 에서 고체 acetic acid의 액화 (Melting)
③ 1 atm에서 액체 acetic acid를 16.6℃ 에서 끓는점 118.2℃ 까지 가열
④ 1 atm, 118.2℃ 에서 액체 acetic acid를 기화 (Vaporization)
⑤ 1 atm에서 기체 acetic acid를 118.2℃ 에서 300℃ 까지 가열
⑥ 300℃ 에서 기체 acetic acid를 1 atm에서부터 2 atm까지 압축

1 기본 가상 가역 과정 (Elementary Hypothetical Reversible Paths)

위의 예를 통해서 알 수 있듯이 전체 비가역 과정을 구성하는 기본적인 가상 가역과정의 종류는 다음 세 가지가 있다.

① 등온과정 (T=일정) : 온도가 일정하게 유지된 채로 압축 및 팽창에 의해서 압력만 변하는 과정이다. 이때 물질의 상은 변하지 않아야 한다.

② 등압과정 (P=일정) : 압력이 일정하게 유지되고 가열 혹은 냉각에 의해서 온도만 변화하는 과정이다. 이때 물질의 상은 변하지 않아야 한다. 또한 압력은 통상적으로 1 atm이 되어야 기존의 상변화 온도 (녹는 온도 및 끓는 온도) 에 대한 자료를 활용할 수 있다.

③ 등온 등압과정 (T=일정, P=일정) : 압력 및 온도가 변하지 않고 일정한 값으로 유지되면서 계의 에너지 상태가 변하는 과정이다. 대표적인 예로는 상변화, 등온 등압 반응, 등온 등압 혼합 등이 있다. 각 과정의 엔탈피 변화는 잠열 (latent heat), 반응열, 혼합열 등으로 부르며 뒤에서 이들 값들을 계산하는 방법을 자세히 설명하였다.

14.2 엔탈피에 대한 압력의 영향

온도는 일정하게 유지되고 압력만 변화하는 과정을 등온과정이라고 한다. 등온과정에서 물질의 상이 변하지 않을 경우 물질의 내부에너지는 변하지 않고 일정하다. 즉

$$\Delta U_{T=constant} \approx 0$$

등온과정에서 압력변화에 따른 엔탈피의 변화는 물질의 상에 따라서 다음과 같이 변화한다.

1 고체 및 액체 물질의 엔탈피 변화

고체와 액체의 부피는 압력변하에 의해서 변하지 않고 일정하다. 따라서 엔탈피 변화는 다음 식으로부터 계산한다.

$$\Delta \hat{H} = \Delta(\hat{U} + P\hat{V}) = \Delta \hat{U} + \hat{V}\,\Delta P = \hat{V}\,\Delta P$$

예제 14-2

1 mol 액체 benzene이 25°C에서 1 atm에서 11 atm으로 압축될 때 엔탈피 변화 (kJ/mol)를 계산하라. 액체 benzene의 밀도는 0.879 kg/L이다.

풀 이

$$\Delta \hat{H} = \hat{V}\Delta P$$

$$= \frac{1\,L}{0.879\,kg}\frac{1\,m^3}{1000\,L}\frac{(11-1)\,atm}{}\frac{1.013\times 10^5\,N/m^2}{1\,atm}\frac{0.078\,kg}{1\,mol} = 0.09\,kJ/mol$$

$= 0.09\, kJ/mol$

② 이상기체의 엔탈피 변화

다음 식과 같이 이상기체의 경우 온도가 일정하면 압력이 변화하더라도 엔탈피는 변하지 않고 일정하다.

$$\Delta \hat{H} = \Delta(\hat{U} + P\hat{V}) = \Delta RT = R\Delta T = 0$$

③ 비이상기체의 엔탈피 변화

비이상기체의 경우 등온공정에서 압력변화에 따라서 엔탈피 변화는 영 (0)은 아니지만 그 값이 매우 작아서 무시할 수 있다.

예제 14-3

Ethane (C_2H_6) 1 mol을 25℃에서 1 atm에서 30 atm으로 압축시켰을 경우 엔탈피 변화를 계산하라.

풀이

Ethane을 30 atm에서 비이상기체로 가정하고 압축인자 값을 구하기 위해서 임계온도와 임계압력을 구한다.

$T_c = 305.4$ K, $P_c = 48.2$ atm

$T_r = T/T_c = 298/305.4 = 0.976$

$P_r = P/P_c = 30/48.2 = 0.622$

$z = 0.74$ (압축인자 도표로부터 구함)

$$\Delta \hat{H} = \Delta(\hat{U} + P\hat{V}) = \Delta P\hat{V} = P_2\hat{V}_2 - P_1\hat{V}_1 = zRT_1 - RT_1 = RT_1(z-1)$$

$$= \frac{8.314\,J}{mol\,K} 298K(0.74-1) = -0.644kJ/mol$$

※ 온도가 일정할 때 압력변화가 물질의 엔탈피에 주는 영향은 아주 작다고 가정할 수 있다. 이 엔탈피변화 항이 다른 엔탈피 항과 비교될 경우 무시해도 된다. 단 물질의 상변화가 없을 경우이다.

14.3 엔탈피에 대한 온도의 영향

1 열용량 (Heat capacity)

물질을 상변화가 없는 상태에서 가열할 때 가해준 열에너지와 온도변화는 비례하며 이 비례상수는 열용량이라고 한다. 열용량 (C)의 표준단위는 J/(kg-℃)이다. 즉 열용량 (C)은 1 kg의 물질의 온도를 1℃ (1K) 올리기 위해서 필요한 에너지 양 (J)이다. 열용량이 C인 물질의 온도를 T_1에서 T_2로 변화시키기 위해서 필요한 열에너지의 양은 다음 식으로부터 구한다.

$$Q = \int_{T_1}^{T_2} C(T)\,dT$$

열용량의 종류로는 일정한 부피에서 가열할 때 필요한 열에너지를 계산하기 위한 열용량 C_v와 일정한 압력에서 가열할 경우 필요한 열에너지를 계산하기 위한 열용량 C_p가 있다.

2 C_v와 C_p

닫힌계의 에너지 수지식은 다음과 같다.

$$\Delta U_{system} = U_{final} - U_{initial} = Q + W$$

계의 부피가 일정할 때 $C = C_v$, $W = 0$, $Q = \int_{T_1}^{T_2} C_v dT$

따라서,

$$\Delta U = Q + 0 = \int_{T_1}^{T_2} C_v dT$$

계의 압력이 일정할 때 : $C = C_P$, $W = -P\Delta V$, $Q = \int_{T_1}^{T_2} C_P dT$

따라서,

$$\Delta U = \int_{T_1}^{T_2} C_P dT - P\Delta V$$

$$\Delta U + P\Delta V = \int_{T_1}^{T_2} C_P dT$$

$\Delta H = \Delta U + P\Delta V$ 이므로

따라서,

$$\Delta H = \int_{T_1}^{T_2} C_P dT$$

일반적으로, $dU = C_v dT$, $dH = C_p dT$

따라서

$$dH = dU + dPV$$

$$C_p dT = C_v dT + d(PV)$$

- 액체와 고체의 경우 $d(PV) \approx 0$ 이므로

$$C_p \approx C_v$$

- 기체의 경우 $d(PV) \approx nRdT$ 이므로

$$C_p = C_v + nR$$

또는

$$\widehat{C}_p = \widehat{C}_v + R$$

3 온도와 $\widehat{C}_p$

실제로 $\widehat{C}_p$값은 다음 그림과 같이 온도가 증가하면 커지며 동일한 물질이라도 상에 따라서 다르다. 또한 상변화가 발생할 경우 $\widehat{C}_p$값의 gap이 존재한다. $\widehat{C}_p$값이 온도에 따라서 증가하므로, 온도가 높아질수록 1℃ 증가시키기 위해서 더 큰 엔탈피 값이 필요하다.

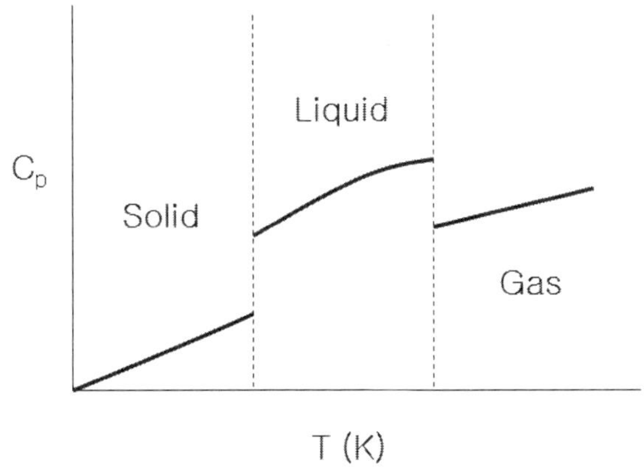

Fig. 14-1 Dependence of heat capacity C_p on temperature for solid, liquid, and gas of the same material with discontinuity at each phase-transition point.

결과적으로 상변화가 없는 단일 물질의 온도 및 압력변화에 따른 엔탈피 값의 변화는 일반적으로 다음 식을 이용해서 구할 수 있다.

$\hat{C}_p$ 값에 대한 온도의 영향이 작을 경우 온도변화에 대한 엔탈피 변화는 다음 식으로 나타낸다.

$$\Delta \hat{H} = \hat{C}_p \Delta T$$

$\hat{C}_p$ 값에 대한 온도의 영향이 작지 않을 경우에는 온도변화에 대한 엔탈피 변화는 적분 식으로 나타낸다

$$\Delta \hat{H} = \int_{T_1}^{T_2} \hat{C}_p \, dT$$

이 때 $\hat{C}_p$ 는 다음과 같은 온도의 함수식으로 나타내며 각 함수에서 사용된 상수들은 대표적인 교과서의 부록에 실려 있다.

$$\hat{C}_p = a + bT + cT^2 + dT^3$$

또는

$$\hat{C}_p = a + bT + cT^{-2}$$

4 액체 및 고체의 경우 온도변화와 압력변화에 따른 엔탈피 변화

액체 및 고체물질이 상변화 없이 다음 그림과 같이 (T_1, P_1)에서 (T_2, P_2)로 변하였을 경우 엔탈피 변화 ($\Delta\hat{H}$)는 다음 식을 이용해서 계산한다.

$$\Delta\hat{H} = \hat{H}_2 - \hat{H}_1 = \Delta\hat{H}_1 + \Delta\hat{H}_2 = \int_{T_1}^{T_2} \hat{C}_p dT + \hat{V}(P_2 - P_1)$$

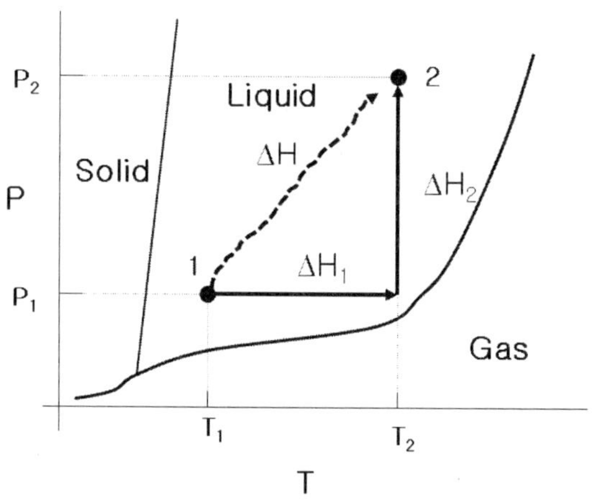

일반적으로 $\Delta\hat{H}_2 (= \hat{V}(P_2 - P_1))$는 $\Delta\hat{H}_1 (= \int_{T_1}^{T_2} \hat{C}_p dT)$에 비해서 작다.

5 기체의 경우 온도변화와 압력변화에 따른 엔탈피 변화

기체물질이 상변화 없이 다음 그림과 같이 (T_1, P_1)에서 (T_2, P_2)로 변하였을 경우 엔탈피 변화 ($\Delta\hat{H}$)는 다음 식을 이용해서 계산한다.

$$\Delta \widehat{H} = \widehat{H}_2 - \widehat{H}_1 = \Delta \widehat{H}_1 + \Delta \widehat{H}_2 = \int_{T_1}^{T_2} \widehat{C}_p \, dT + 0$$

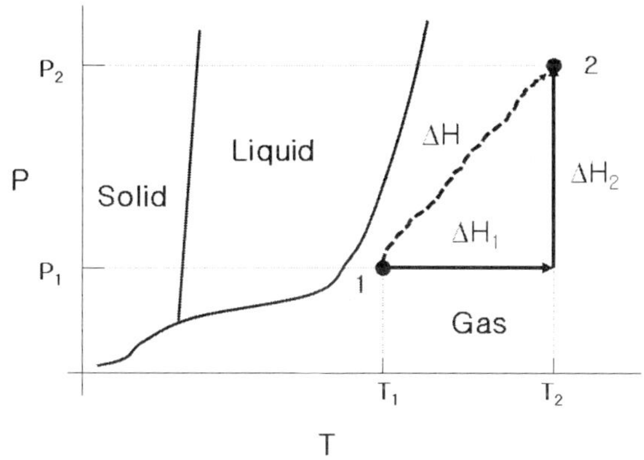

6 혼합물의 열용량

여러 종류의 성분이 섞여있는 혼합물의 열용량을 각 성분의 열용량으로부터 계산하기 위한 이론적인 방법은 없으며, 다음의 식을 이용해서 평균값을 추정한다.

$$\hat{C}_{p,m} = \sum_i y_i \hat{C}_{p,i}$$

여기에서 $\hat{C}_{p,m}$ = 혼합물의 비열용량,

y_i = 각 성분의 몰분율 또는 질량분율,

$\hat{C}_{p,i}$ = 각 성분의 열용량이다.

예제 14-4

Ethane과 propane 혼합물 (부피비 60% : 40%)이 100 mol/h의 속도로 흐르고 있다. 이 혼합물을 1atm 50℃에서 3atm 300℃로 가열하기 위해서 공급해주어야 할 열에너지의 값을 구하여라. 혼합물은 이상기체로 가정하라.

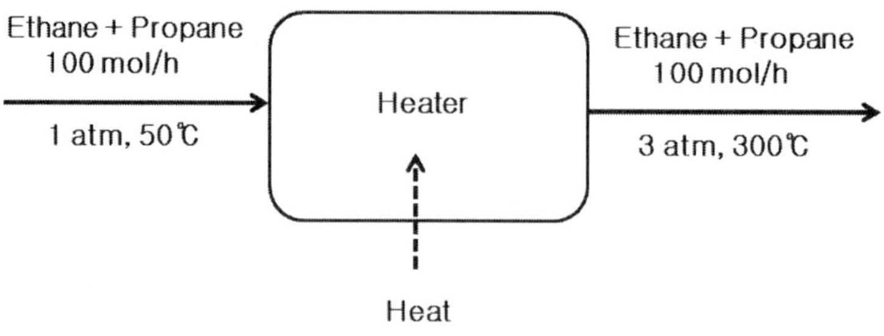

풀 이

- 가상경로 : ① 1 atm 50℃ 에서 1 atm 300℃ 로 등압 가열 : $\Delta \widehat{H}_1$

  ② 1 atm 300℃ 에서 3 atm 300℃ 로 등온 압축 : $\Delta \widehat{H}_2$

기체혼합물을 이상기체라고 가정하면, 등온 압축과정의 엔탈피 변화량 $\Delta \widehat{H}_2 = 0$이다. 따라서

- 총 비 엔탈피 변화 :

$$\Delta \widehat{H}_{total} = \Delta \widehat{H}_1 + \Delta \widehat{H}_2 = \int_{50℃}^{300℃} \widehat{C}_{p,m} \, dT + 0$$

- 비 열용량 :

$$\widehat{C}_{p,ethane} = 49.37 \times 10^{-3} + 13.92 \times 10^{-5}\, T - 5.82 \times 10^{-8} T^2 + 7.28 \times 10^{-12} T^3$$

$$\widehat{C}_{p,propane} = 68.03 \times 10^{-3} + 22.59 \times 10^{-5}\, T - 13.11 \times 10^{-8} T^2 + 31.71 \times 10^{-12} T^3$$

- 혼합물의 비 열용량 :

$$\widehat{C}_{p,m} = 0.6\, \widehat{C}_{p,ethane} + 0.4\, \widehat{C}_{p,propane}$$

$$= 56.84 \times 10^{-3} + 17.39 \times 10^{-5}\, T - 8.74 \times 10^{-8} T^2 + 17.05 \times 10^{-12} T^3$$

여기에서 $\hat{C}_p$ 의 단위는 kJ/ (mol·℃), T의 단위는 ℃ 이다.

$$\Delta \hat{H}_{total} = \int_{50℃}^{300℃} \hat{C}_{p,m}\, dT$$

$$= \int_{50℃}^{300℃} (56.84 \times 10^{-3} + 17.39 \times 10^{-5}\, T - 8.74 \times 10^{-8}\, T^2 + 17.05 \times 10^{-12}\, T^3)\, dT$$

$$\approx 21.1\, kJ/mol$$

$$\Delta H_{total} = \dot{n}\, \Delta \hat{H}_{total} = \frac{100\, mol}{h} \frac{1\, h}{3{,}600\, s} \frac{21.1\, kJ}{mol} = 0.586\, kJ/s$$

14.4 상변화에 따른 엔탈피 변화

1 가열곡선 (Heating Curve)

계에 고체를 넣고 압력이 일정한 상태에서 가열하면서 계의 온도를 측정하면 다음과 같이 시간에 따른 계의 온도변화 선이 측정될 수 있다. 이를 가열곡선 (heating curve)이라고 부른다. 이 때 열에너지의 전달속도는 일정하게 유지한다. 가열 곡선은 가열기간 동안 온도가 변화하는 부분과 가열하더라도 온도가 변화하지 않고 일정하게 유지되는 구간의 두 종류로 나눌 수 있다.

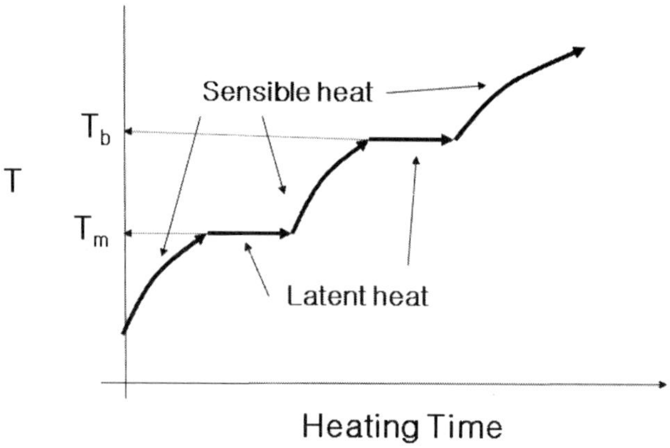

Fig. 14-2 Heating curve of a material with sensible and latent heats.

• 현열 (Sensible Heat) : 현열이란 계의 온도가 증가하거나 감소하는 동안 계와 외부 사이에 전달된 열에너지로서 계 내부의 물질은 상전이 (phase transition)를 일으키지 않고 가열 혹은 냉각되고 있다는 것을 나타낸다.

• 잠열 (Latent Heat) : 잠열이란 계의 온도가 변화하지 않는 동안 계와 외부 사이에 전달된 열에너지로서 계 내부의 물질이 온도와 압력이 일정한 조건에서 상 (phase)이 변화되고 있는 것을 알려준다. 위의 예에서는 녹는 온도 (T_m) 및 끓는 온도 (T_b)에서 상전이가 일어난다.

잠열 (latent heat)은 온도와 압력이 일정할 때 상전이에 수반되는 엔탈피 값으로 정의되며 다음과 같이 세 종류의 잠열이 있다.

① 용융열 (Heat of fusion, $\Delta\hat{H}_m$) : 일정한 온도와 압력에서 단위 질량의 물질을 고체 상태에서 액체 상태로 전이시키기 위해서 필요한 엔탈피 값.
② 증발열 (Heat of vaporization, $\Delta\hat{H}_v$) : 일정한 온도와 압력에서 단위 질량의 물질을 액체 상태에서 기체 상태로 전이 시키기 위해서 필요한 엔탈피 값.
③ 승화열 (Heat of sublimation, $\Delta\hat{H}_s$) : 일정한 온도와 압력에서 단위 질량의 물질을 고체 상태에서 기체 상태로 전이 시키기 위해서 필요한 엔탈피 값.

이들 잠열들을 상도표에 나타내면 다음과 같다.

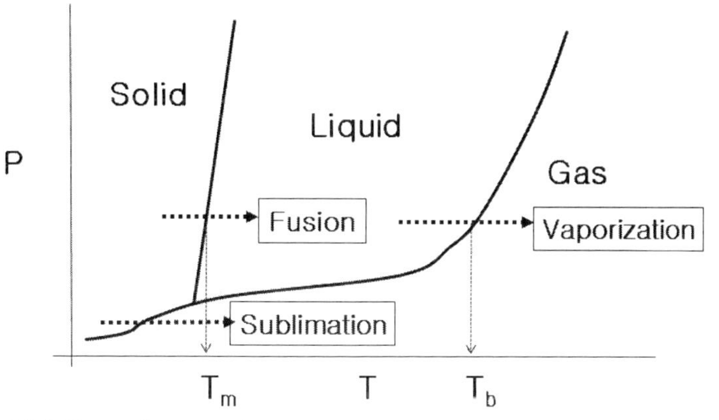

Fig. 14-3 Phase diagram of a material with three types of phase transitions.

2 잠열의 추정방법 (Clausius-Clapeyron식)

상변화에 따른 다양한 물질의 잠열 데이터는 대부분의 교재나 화학공학 관련 data base 자료에 수록되어 있다. 그러나 자료를 구할 수 없을 경우 물질의 물성값 (녹는 온도, 끓는 온도, 임계온도, 임계압력)으로부터 잠열 값을 추정하기 위한 여러 종류의 식들이 개발되어 있다. 여기에서는 가장 자주 인용되는 식인 Clausius-Clapeyron식을 설명한다. 이 식은 액체와 기체의 평형상태에 대한 열역학적인 이론을 통해서 유도 되었으며 다음 식과 같이 순수한 물질의 포화증기압 (P^*)과 온도 (T)와의 선형화된 관계식으로 부터 증발열 ($\Delta\hat{H}_v$)을 추정하기 위해서 사용된다.

$$\ln P^* = -\frac{\Delta\hat{H}_v}{RT} + B$$

H_2O의 포화증기압과 온도의 관계는 다음 왼편 그래프와 같이 곡선이다. 그러나 Clausius-Clapeyron 식에 따라서 포화증기압 P^*의 자연로그 ln P^*와 절대온도의 역수 1/T의 관계를 나타내면 다음 오른편 그림과 같이 직선관계가 된다. 이 온도 범위에서 Clausius-Clapeyron식은 직선이므로 증발열은 일정하다고 가정할 수 있다.

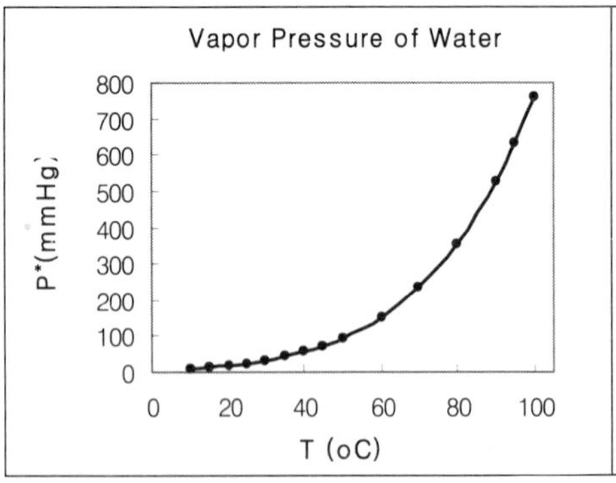

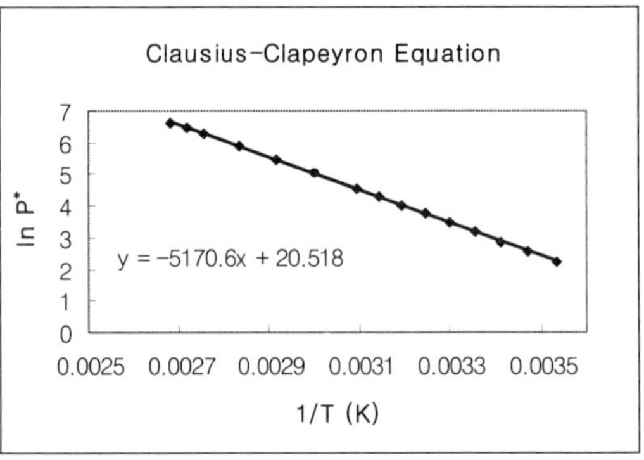

이 온도 범위에서 물의 증발열은 Clausius-Clapeyron식의 기울기로부터 다음 식과 같이 계산한다.

$$\Delta \hat{H}_v \text{ -slope x R} = 5170.6 \text{ (K) x } 8.314 \text{ J/(mol·K)} = 43 \text{ kJ/mol}$$

실제로 문헌으로부터 얻은 물의 증발열 측정값은 $\Delta \hat{H}_v = 41$ kJ/mol로서 Clausius-Clapeyron 식을 이용해서 계산한 값과의 오차가 크지 않다는 것을 알 수 있다.

3 상변화를 포함한 엔탈피 변화량 계산

물질의 온도, 압력, 상 등이 변화할 경우 초기상태와 최종상태 사이의 엔탈피 변화량은 지금까지 배운 엔탈피에 대한 압력과 온도의 영향 그리고 잠열을 합하여 구한다. 예를 들어 어느 물질의 액체 초기상태 (T_1, P_1)와 기체 최종상태 (T_2, P_2) 사이의 엔탈피 변화는 다음 그림과 같이 초기 상태와 최종상태 사이의 비가역적 변화 경로를 다수의 등온과정, 등압과정, 그리고 등온 등압 조건에서의 상변화 과정의 조합으로 나타낸다.

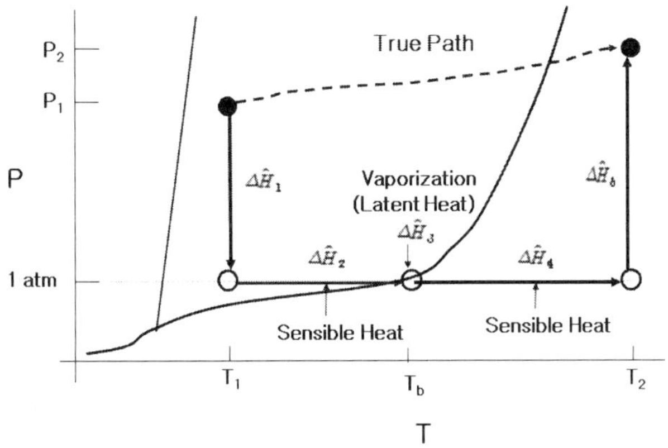

Fig. 14-4 Representation of a true irreversible path by a combination of multiple reversible hypothetical paths.

총 엔탈피 변화량, $\Delta\hat{H}_{total}$은 각 가상경로에 대한 엔탈피 변화량의 합으로 다음식과 같이 구한다.

$$\Delta\hat{H}_{total} = \Delta\hat{H}_1 + \Delta\hat{H}_2 + \Delta\hat{H}_3 + \Delta\hat{H}_4 + \Delta\hat{H}_5$$

$$= \hat{V}_{liquid}(1\,atm - P_1\,atm) + \int_{T_1}^{T_b} \hat{C}_{p,\,liquid}\,dT + \Delta\hat{H}_v + \int_{T_b}^{T_2} \hat{C}_{p,\,vapor}\,dT + 0$$

위의 식에서 온도가 일정할 때 기체의 경우 압력은 엔탈피에 영향을 미치지 않는 것에 주의해야 한다.

예제 14-5

Ethanol (E) 50 mol%와 methanol (M) 50 mol% 혼합 액체가 1 mol/s의 속도로 10℃에서 증발기로 유입되어 일부분이 증발된다. 증발기의 윗부분에서는 methanol 70 mol% 증기가 50℃, 50 mmHg에서 유출되며, 증발기의 아래에서는 methanol 30 mol%의 액체가 50℃에서 유출된다. 이 증발기에 공급되어야 할 열에너지를 kW 단위로 구하라.

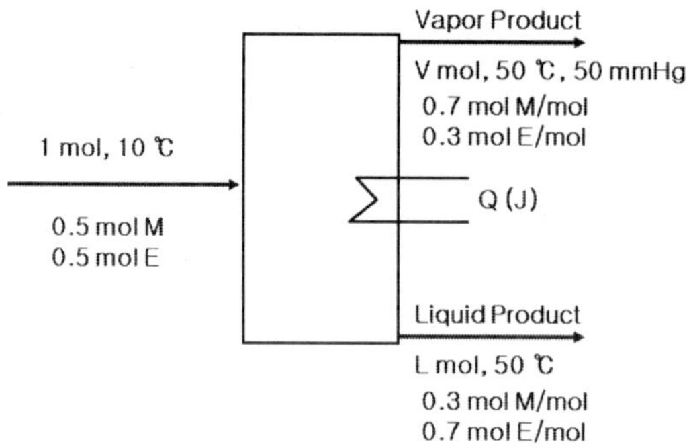

각 물질의 끓는점 (T_b), 증발열 ($\Delta\hat{H}_v(T_b)$) 및 열용량 함수 ($\hat{C}_p(T)$)의 계수 값은 다음 표와 같다.

Compound	Tb (℃)	$\Delta\hat{H}_v(T_b)$ (kJ/mol)	Coefficients for $\hat{C}_p(T)$				
			Phase	ax10^3	bx10^5	cx10^8	dx10^{12}
Methanol	64.5	35.3	liquid	75.9	16.8	-	-
			gas	42.9	8.30	-1.87	-8.03
Ethanol	78.3	38.6	liquid	131.0	-	-	-
			gas	61.3	15.7	-8.75	19.8

$$\hat{C}_p\left(\frac{kJ}{mol \cdot ℃}\right) = a + bT(℃) + cT(℃)^2 + dT(℃)^3$$

풀 이 계산기준 : 1 mol 혼합물 /s

① 물질수지 계산

전체질량수지 : 1.0 = V + L

Methanol수지 : 0.5 = 0.7 V + 0.3 L

위의 두 식을 풀이하면 : V = 0.5 mol/s, L = 0.5 mol/s

② 에너지수지 계산

유입흐름과 유출흐름사이의 운동에너지변화와 위치에너지 변화를 무시하고 ($\Delta\dot{E}_k = 0$, $\Delta\dot{E}_p = 0$), 교반기가 없으므로 ($\dot{W}_s = 0$) 에너지 수지식은 다음과 같이 가장 간단하다.

$$\Delta\dot{E}_k + \Delta\dot{E}_p + \Delta\dot{H} = \dot{Q} + \dot{W}_s \rightarrow \Delta\dot{H} = \dot{Q}$$

$$\Delta\dot{H} = \sum_{outlets} n_i\hat{H}_i - \sum_{inlets} n_i\hat{H}_i = \dot{Q}$$

Enthalpy 표

Compound		Input		Output	
		n_i (mol)	$\hat{H}_i$	n_i (mol)	$\hat{H}_i$
Liquid	M	0.5	0	0.15	$\hat{H}_1$
	E	0.5	0	0.35	$\hat{H}_2$
Vapor	M	0.0	0	0.35	$\hat{H}_3$
	E	0.0	0	0.15	$\hat{H}_4$

Enthalpy 값 계산의 기준물질은 10℃ 의 액체 ethanol과 액체 methanol이다.

- $\hat{H}_1$: 액체 methanol의 10℃ 와 50℃ 에서 엔탈피 값의 차이

$$\hat{H}_1 = \int_{10℃}^{50℃} (C_p)_M\, dT = \int_{10℃}^{50℃} (0.0759 + 16.8 \times 10^{-5}\, T)\, dT$$

$$= 0.0759\, T + 16.8 \times 10^{-5} \times \frac{1}{2} T^2 \Big|_{10℃}^{50℃} = 3.23 \text{ kJ/mol}$$

- $\hat{H}_2$: 액체 ethanol의 10℃ 와 50℃ 에서 엔탈피 값의 차이

$$\hat{H}_2 = \int_{10℃}^{50℃} (C_p)_E\, dT = 0.131\text{x}(50\text{-}10) = 5.24 \text{ kJ/mol}$$

- $\hat{H}_3$: 10℃ methanol액체와 50℃ methanol 기체의 엔탈피 값의 차이

이 값은 다음의 상도표상에서 가상경로를 이용해서 계산한다. 이때, 가상경로는 액체 methanol의 끓는점 (64.5℃)까지 가열 → 끓는점에서 액체 methanol의 기화 → 기체 methanol의 끓는점에서 최종 온도까지의 냉각 등 3단계 경로로 이루어진다.

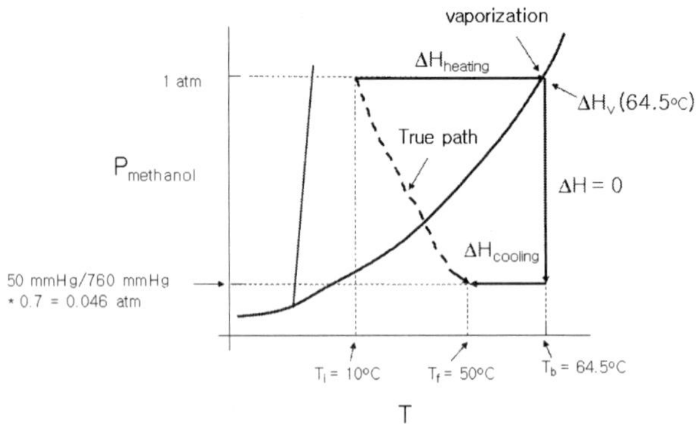

Phase diagram of methanol

$$\hat{H}_3 = \Delta\hat{H}(liquid,\ 10℃ \rightarrow liquid,\ T_b) + \Delta\hat{H}_v(T_b) + \Delta\hat{H}(gas,\ T_b \rightarrow gas,\ 50℃)$$

$$= \int_{10℃}^{64.5℃} (\hat{C}_{p,l})_M dT + \Delta\hat{H}_v + \int_{64.5℃}^{50℃} (\hat{C}_{p,g})_M dT$$

= (4.48 + 34.3 + 0.691) kJ/mol = 39.5 kJ/mol

- $\hat{H}_4$: 10℃ ethanol액체와 50℃ methanol 기체의 엔탈피 값의 차이

Methanol의 경우와 마찬가지로 이 값은 다음의 상도표상에서 가상경로를 이용해서 계산한다. 이때, 가상경로는 액체 ethanol의 끓는점 (78.3℃)까지 가열 → 끓는점에서 액체 ethanol의 기화 → 기체 ethanol의 끓는점에서 최종 온도까지의 냉각 등 3단계 경로로 이루어진다.

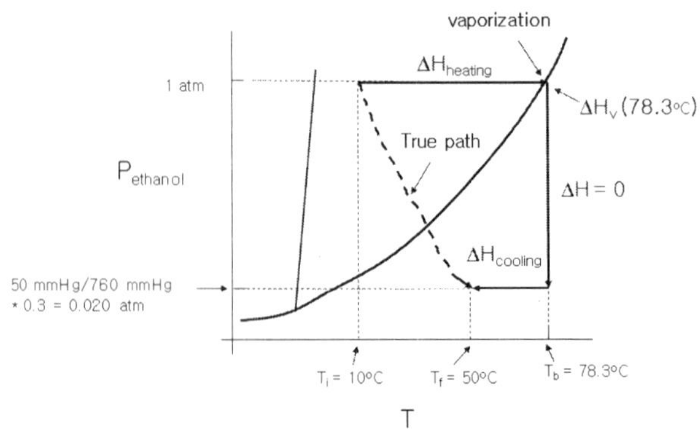

Phase diagram of ethanol

$$\hat{H}_4 = \Delta\hat{H}(liquid, 10℃ \rightarrow liquid,\ T_b) + \Delta\hat{H}_v(T_b) + \Delta\hat{H}(gas,\ T_b \rightarrow gas, 50℃)$$

$$= \int_{10℃}^{78.3℃} (\hat{C}_{p,l})_M dT + \Delta\hat{H}_v + \int_{78.3℃}^{50℃} (\hat{C}_{p,g})_M dT$$

= (8.95 + 38.6 – 2.01) kJ/mol = 45.5 kJ/mol

- 총 에너지수지

$$\dot{Q} = \Delta\dot{H} = \sum_{outlets} n_i\hat{H}_i - \sum_{inlets} n_i\hat{H}_i$$

= (0.15x3.23 + 0.35x5.24+0.35x39.5+0.15x45.5) kJ/s

= 23.0 kJ/s (kW)

14.5 공기 (Air)-H_2O 시스템

건조 (drying), 냉각 (cooling), 가습 (humidification)등의 공정은 수분이 함유된 공기를 취급하는 공정이다. 이들 공정에 대한 에너지 수지식을 수립하고 풀이하기 위해서는 수분의 함량이 다른 공기의 엔탈피 값을 여러 온도에서 구해야 한다. 이를 위해서 다음에 설명한 것과 같은 습도 도표를 이용하면 편리하다.

습도 도표 (Humidity Chart)

습도 도표는 수분을 함유하고 있는 공기의 특성과 엔탈피 값을 나타내는 도표이다.

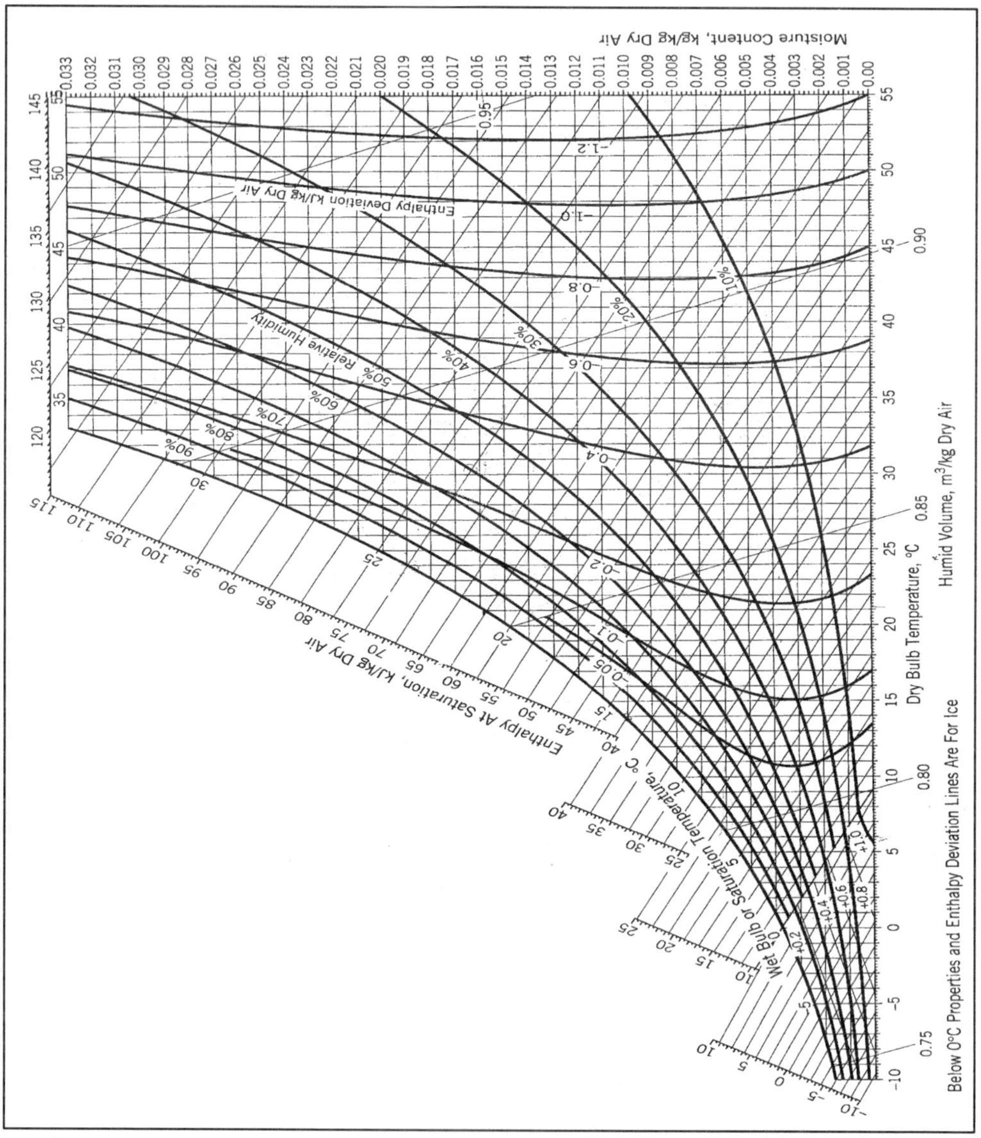

Fig. 14-5 Humidity chart for air-H_2O mixture. Source: "Elementary Principles of Chemical Processes" by R.M. Felder and R.W. Rousseau, 2005, John Wiley & Sons, Inc.

습도 도표를 읽는 방법은 다음과 같다.

- x-축의 값은 건구 (dry-bulb)온도 (T_{db})이며 일반적인 온도이다.
- 도표의 오른쪽 y-축의 값은 절대습도 (h_a)로서 단위는 h_a = kg water/kg dry air (DA)이다.
- 오른쪽으로 상승하는 여러 가지의 포물선은 일정한 %상대습도를 나타내는 선이며 가장 위쪽에 있는 선은 100% 상대습도선 즉 공기가 수분으로 포화되었을 때를 나타내는 곡선이다. 상대습도는 $hr = [P_{H2O}/P^{*}_{H2O}] \times 100\%$이다. 여기에서 $P^{*}_{H_2O}$는 주어진 온도에서 공기의 H_2O 포화분압 (최대분압)이며, P_{H_2O}는 그 온도에서 H_2O의 실제 분압이다. 상대습도가 100%이면 공기 속으로 H_2O가 더 이상 증발하지 않는다.
- 왼쪽으로 상승하는 여러 개의 평행한 직선들은 습구온도선 (wet bulb temperature line)이라고 부른다. 건구온도와 현재습도의 공기에 대해서 습구온도선을 이용해서 습구온도 (T_{wb})를 구한다.
- 습구온도선들의 끝부분을 연결한 직선에 적혀있는 값들은 그 습구온도에서의 포화된 공기의 엔탈피 값 (kJ/kg DA)이다. 현재 포화되지 않는 공기의 엔탈피는 이 습구온도에서의 엔탈피 값에서 엔탈피차이 값 (enthalpy deviation)을 더해주면 된다.
- 왼쪽으로 더 급상승하는 직선들은 습윤공기의 습용 (humid volume, V_H)을 나타낸다. (m^3 of humid air/kg DA)

※ DA는 수분을 제외한 건조공기 (Dry Air)를 나타낸다.

예제 14-6

현재의 온도가 25℃이고 상대습도가 40%일 때 이 공기의 다음 값들을 구하라. 습구온도, 이슬점, 절대습도 (kg water/kg DA), 비엔탈피 (kJ/kg DA), 습용 (m^3 of humid air/kg DA).

풀 이

① 습구온도, 이슬점, 절대습도

• 현재 공기의 위치 (점 A)

습도 도표 상에서 우선 현재공기의 위치를 찾는다. x-축 건구온도가 25℃인 수직선이 상대습도 40% 곡선과 만나는 점 A가 현재공기의 습도 도표 상에서 위치이다.

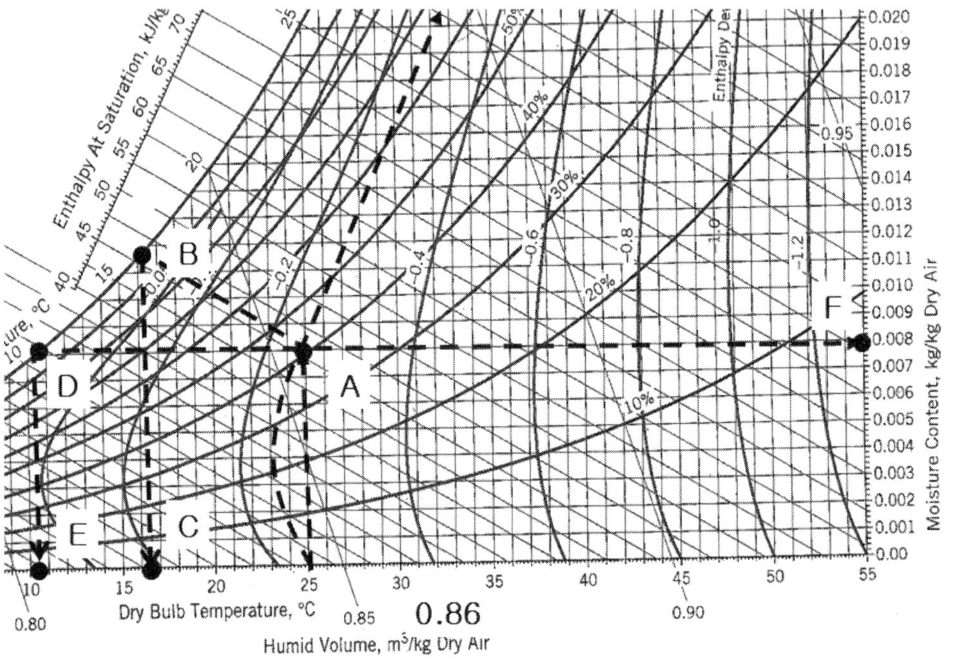

• 습구온도 (점 C)

점 A에서 기울기가 음인 습구온도선과 평행한 선과 100% 상대습도 곡선 (습도표에서 가장 위 곡선)과 만나는 점 B를 정한다. 점 B를 지나는 수직선이 x-축 과 만나는 점 C의 온도가 습구온도이며 여기에서는 약 16.3℃가 습구온도이다.

• 이슬점 (점 E)

이슬점은 현재 공기의 온도를 낮추었을 경우 포화습도가 100%가 되는 온도이며, 이슬점에서 수분이 처음으로 응축되기 시작한다. 현재 공기를 나타내는 점 A에서 왼쪽으로 수평선을 긋고 이 수평선과 100% 상대습도 곡선이 만나는 점 D가 이슬점이다. 이슬점의 값은 점 D에서의 수직선이 x-축과 만나는 점 E의 약 10.5℃이다.

• 절대습도 (kg water/kg DA, 점 F)

현재공기의 위치를 나타내는 점 A를 지나는 수평선이 습도표 오른쪽 y-축과 만나는 지점 F의 y-축 값이 절대습도이다. 현재공기의 절대습도는 0.008 kg H_2O/kg DA이다.

② 비엔탈피와 습용

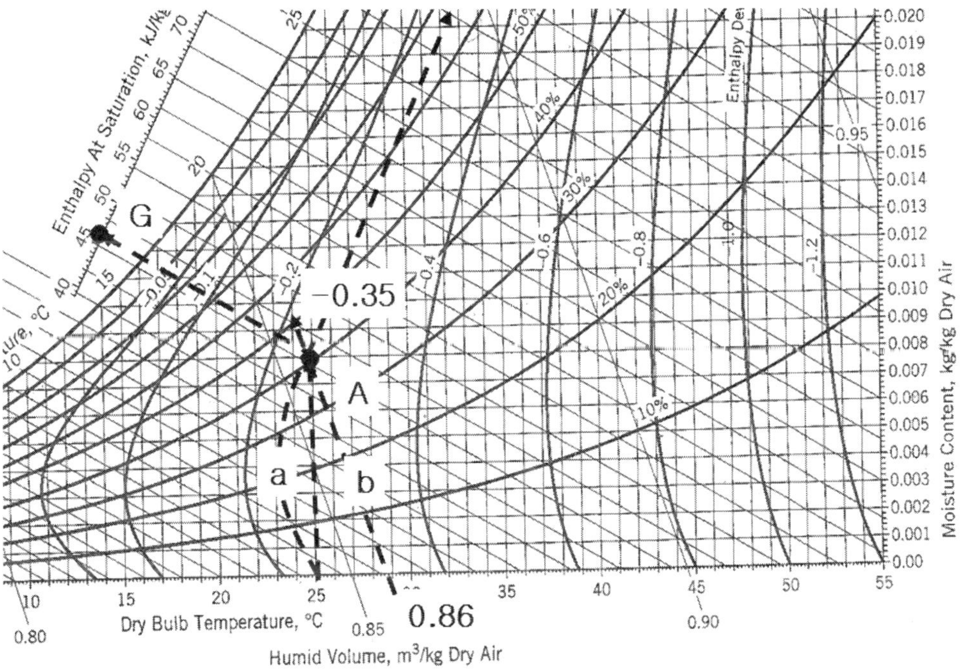

• 비엔탈피 (Specific Enthalpy, kJ/kg DA)

공기 중 수분을 제외한 건조공기 1 kg기준 현재 공기의 엔탈피를 비엔탈피라고 한다. 이 예제의 경우, 점 A를 지나는 습구온도선이 습도표의 가장 위쪽 엔탈피직선과 만나는 점 G의 값 (약 46 kJ/kg DA)이 포화공기의 엔탈피이다. 실제공기의 엔탈피는 포화공기의 엔탈피 값에서 점 A를 지나는 엔탈피편차선 (섬선 a)의 값을 더해주어야 한다 (여기에서는 약 -0.35 kJ/kg DA). 최종적으로 현재 공기의 비엔탈피 값은 46-0.35 = 45.65 kJ/kgDA이다.

※ 이 예제에서 공기 (humid air) 1 kg의 엔탈피 계산

$$\frac{45.65\,kJ}{1\,kg\,DA}\frac{1\,kg\,DA}{1\,kg\,DA + 0.08\,kg\,H_2O} = 42.27\,kJ/kg\ Humid\,Air$$

• 습용 (Humid Volume, m^3 of humid air/kg DA)

비 용적은 건조공기 1 kg기준 공기의 부피를 나타낸다. 습도표에서 점 A를 지나는 가상의 습용선 (점선 b)의 값을 추정한다. 여기에서는 약 0.86 m^3/kg DA가 이 공기의 습용이다.

※ 이 예제에서 공기 (Humid Air) 1 kg의 부피 계산:

$$\frac{0.86\,m^3}{1\,kg\,DA}\,\frac{1\,kg\,DA}{1\,kg\,DA + 0.08\,kg\,H_2O} = 0.80\,m^3/kg\ Humid\,Air$$

1 습구온도선 (Wet bulb temperature line)의 식

습도 도표에서 왼쪽으로 상승하는 여러 개의 평행한 직선들을 습구온도선이라고 하며 이 습구온도선은 현재의 공기온도 (dry bulb temperature)의 상대습도 및 절대습도를 찾을 수 있도록 해준다.

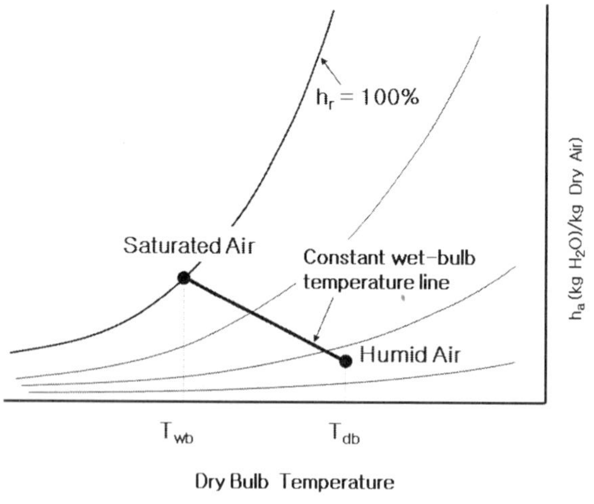

다음과 같이 온도계의 bulb부분을 표면이 완전히 수분으로 적셔진 천으로 감싸고 수분의 증발량만큼 연속적으로 수분을 공급해주었을 때 공기의 습도에 따라서 수분 증발열에 의해서 온도가 낮게 내려가게 된다. 정상상태에서 이 wet bulb가 나타내는 온도를 습구온도 (T_{wb})라고 한다.

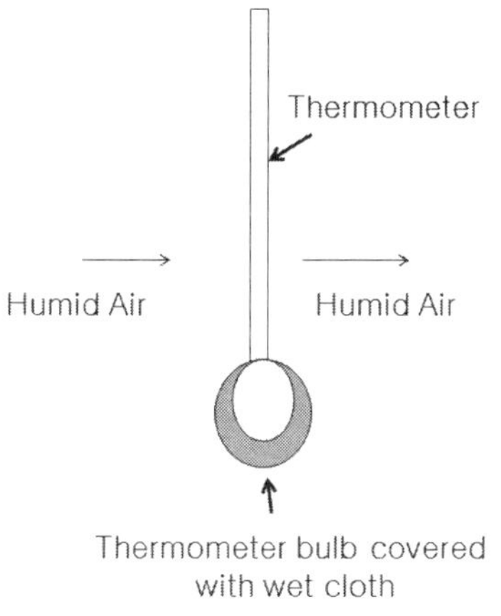

습구온도선을 식으로 나타내기 위해서는 다음과 같은 습구계 모델을 이용한다.

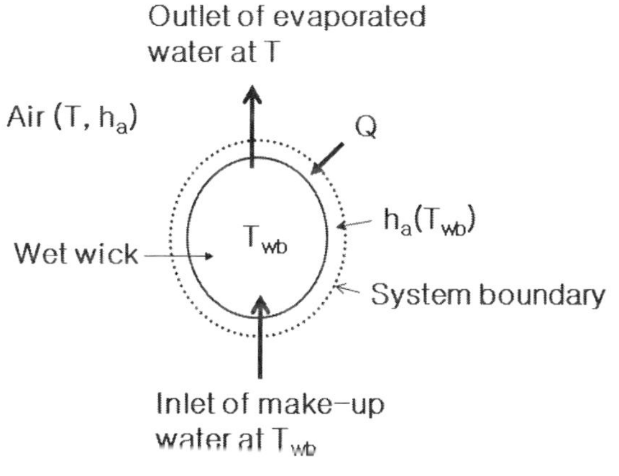

<가정>

- 보충수의 온도는 T_{wb}이다.
- 보충수의 양과 증발하는 수분의 양은 동일해서 천의 표면은 항상 일정하게 적혀 있어서 표면적은 변하지 않고 일정하다.
- 공기의 양은 매우 커서 습구로부터 증발하는 수분에 의해서 습도와 온도가 변화하지 않는다. 즉 T와 h_a값을 일정하다.
- 이 계는 정상상태이다.

에너지 수지식

$$\sum_{outlets} \dot{m}(\hat{H}) - \sum_{inlets} \dot{m}(\hat{H}) = \dot{Q} + \dot{W}_s$$

$$\dot{m}(\hat{H}_{outlet} - \hat{H}_{inlet}) = \dot{Q}$$

- 공기로부터 습구로 온도차에 의해서 발생하는 열에너지의 전달 량 :

$$\dot{Q} = h_y A (T - T_{wb})$$

- 습구로부터 물의 증발속도 : $\dot{m} = k_y A [h_a(T_{wb}) - h_a(T)]$
- 엔탈피 기준점: T_{wb}에서의 액체 물 : $\hat{H}_{inlet} = 0$
- 증발된 수분의 엔탈피 $\hat{H}_{outlet}$ = T_{wb}에서 증발열 + T_{wb}에서 T사이의 sensible heat

$$\hat{H}_{outlet} = \Delta\hat{H}_{v,\,H_2O}(T_{wb}) + \hat{C}_{p.\,H_2O(v)}(T - T_{wb})$$

$$\hat{H}_{outlet} \approx \Delta\hat{H}_{v,\,H_2O}(T_{wb})$$

증발열에 비해서 현열 (sensible heat)의 크기를 무시할 수 있을 정도로 작다고 가정하고 습구의 물의 증발속도 ($\dot{m}$)를 대입하면

$$\dot{Q} = \dot{m}\hat{H}_{outlet} = k_y A [h_a(T_{wb}) - h_a(T)] \Delta\hat{H}_{v,\,H_2O}(T_{wb})$$

$$= h_y A (T - T_{wb})$$

즉

$$\frac{h_a(T_{wb})-h_a(T)}{T_{wb}-T}=-\frac{h_y}{k_y \Delta \hat{H}_{v,\,H_2O}(T_{wb})}$$

이며 좌변 및 우변의 값은 습구선의 기울기를 나타낸다. 우변의 분모 분자의 각항들의 값은 비교적 온도에 따라서 변화하지 않으므로 각 습구 선은 기울기가 일정한 평행선이 된다.

예제 14-7

상대습도 10%, 온도 41℃ 공기의 습구온도에서의 증발열, $\Delta \hat{H}_{v,\,H_2O}(T_{wb})$, 과 수증기 ($H_2O(v)$)의 습구온도와 건구온도 사이의 현열 (sensible heat), $\hat{C}_{p.\,H_2O(v)}(T-T_{wb})$, 의 비교. 습도 노표로부터 상대습도 10%, 온도 41℃ 공기의 습구온도는 19℃이다.

① 습구온도에서의 증발열은 다음과 같이 계산할 수 있다.

100℃, 1 atm에서 물의 증발열은

$$\Delta \hat{H}_{v,\,H_2O}(100℃)=40.7\,kJ/mol$$

습구온도 19℃ 에서 물의 증발열을 추정하기 위해서 Watson식을 이용한다.

$$\Delta \hat{H}_{v,\,H_2O}(19℃)=\Delta \hat{H}_{v,\,H_2O}(100℃)[\frac{T_c-19℃}{T_c\quad 100℃}]^{0.38}$$

$$=40.7[\frac{374.2-19}{374.2-100}]^{0.38}$$

$$=44.9\ kJ/mol$$

위 식에서 T_c는 물의 임계온도이다.

② 수증기 ($H_2O(v)$)의 습구온도와 건구온도 사이의 현열 (sensible heat)

$$\hat{C}_{p.H_2O(v)}(T - T_{wb}) \approx 75.4 \times 10^{-3} \frac{kJ}{mol \cdot ℃}(41 - 19)℃ \approx 1.7 \frac{kJ}{mol}$$

따라서 현열 (sensible heat)은 증발열의 3.8% 이므로 무시할 만큼 작다.

※ Watson식 : 서로 다른 두 온도에서 물질의 증발열 관계식으로 임계온도(T_c)가 필요하다.

$$\Delta\hat{H}_{v, H_2O}(T_2) = \Delta\hat{H}_{v, H_2O}(T_1)\left(\frac{T_c - T_2}{T_c - T_1}\right)^{0.38}$$

2 단열냉각선 (Heating Curve)

습도 도표의 습구온도선을 이용할 수 있는 공정으로 단열냉각공정이 있다. 이 공정은 다음과 같이 단열된 상태에서 따뜻한 공기와 찬 물을 접촉시켜서 공기의 습도가 증가하고 온도는 냉각되도록 하는 공정이다.

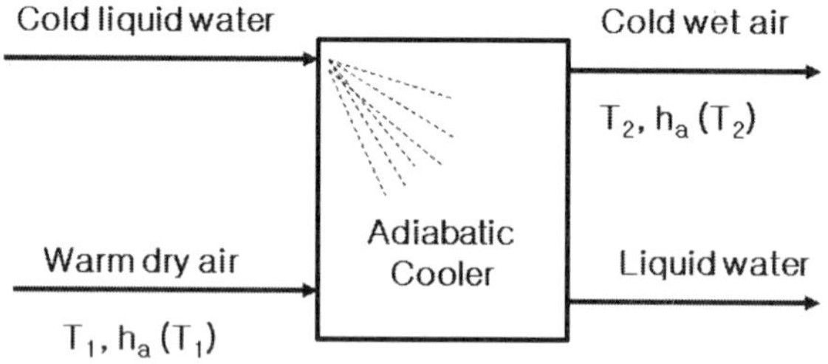

공정에서 나가는 공기의 온도 T_2는 들어가는 공기의 온도 T_1보다 낮으며 나가는 공기의 절대습도 $h_a(T_2)$는 들어가는 공기의 절대습도 $h_a(T_1)$보다 크다.

이 공정은 단열공정이고 일에너지의 공급 또는 생산이 없으므로 $Q = 0$, $W_s = 0$ 이다. 따라서 에너지 수지식은 다음과 같다.

$$\sum_{outlets} \dot{m}(\hat{H}) - \sum_{inlets} \dot{m}(\hat{H}) = \dot{Q} + \dot{W}_s = 0$$

즉

$$\sum_{outlets} \dot{m}(\hat{H}) = \sum_{inlets} \dot{m}(\hat{H})$$

- 엔탈피의 기준점을 공기는 T_2에서의 공기, 물은 T_2에서 액체 H_2O로 한다.
- 또한 공정에 들어가는 보충수와 나가는 액체물의 엔탈피는 무시할 수 있을 정도로 작다고 가정한다.
- 입력되는 공기흐름의 엔탈피 :

$$\sum_{inlets} \dot{m}(\hat{H}) - \dot{m}_a \hat{C}_{p,\,air}(T_1 - T_2) + \dot{m}_{w1}[\Delta \hat{H}_{v,\,H_2O}(T_2) + \hat{C}_{p,\,H_2O}(T_1 - T_2)]$$

물의 현열 (sensible heat), $\hat{C}_{p,H_2O}(T_1 - T_2)$ 를 증발열에 비해서 무시할 수 있을 정도로 작다고 가정하면,

$$\sum_{inlets} \dot{m}(\hat{H}) = \dot{m}_a \hat{C}_{p,\,air}(T_1 - T_2) + \dot{m}_{w1} \Delta \hat{H}_{v,\,H_2O}(T_2)$$

- 출력되는 공기흐름의 엔탈피:

$$\sum_{outlets} \dot{m}(\hat{H}) = \dot{m}_a \hat{C}_{p,\,air}(T_2 - T_2) + \dot{m}_{w2}[\Delta \hat{H}_{v,\,H_2O}(T_2) + \hat{C}_{p,\,H_2O}(T_2 - T_2)]$$

$$= \dot{m}_{w2} \Delta \hat{H}_{v,\,H_2O}(T_2)$$

위 식에서 $\dot{m}_a$는 건조한 공기의 질량 흐름속도이다.

입력공기와 출력공기에 포함되어 있는 수분의 질량흐름 속도 $\dot{m}_{w1}$과 $\dot{m}_{w2}$는 각각의 습도와 건조공기의 질량흐름속도의 곱으로 나타낸다. 즉

$$\dot{m}_{w1} = h_a(T_1)\dot{m}_a$$

$$\dot{m}_{w2} = h_a(T_2)\dot{m}_a$$

따라서

$$\sum_{inlets} \dot{m}(\hat{H}) = \dot{m}_a \hat{C}_{p,\,air}(T_1 - T_2) + h_a(T_1)\dot{m}_a \Delta\hat{H}_{v,\,H_2O}(T_2)$$

$$\sum_{outlets} \dot{m}(\hat{H}) = h_a(T_2)\dot{m}_a \Delta\hat{H}_{v,\,H_2O}(T_2)$$

따라서

$$\hat{C}_{p,\,air}(T_1 - T_2) + h_a(T_1)\Delta\hat{H}_{v,\,H_2O}(T_2) \;\; = h_a(T_2)\Delta\hat{H}_{v,\,H_2O}(T_2)$$

위 식을 정리하면, 입력흐름 과 출력흐름 사이의 습도와 온도는 다음식과 같은 관계를 가진다.

$$\frac{h_a(T_2) - h_a(T_1)}{T_2 - T_1} = -\frac{\hat{C}_{p,\,air}}{\Delta\hat{H}_{v,\,H_2O}(T_2)}$$

만일 $h_y/k_y = \hat{C}_{p,air}$ 라면 이 식의 기울기 값은 습구온도선의 기울기와 같은 값을 가지게 된다. 즉

$$\frac{h_a(T_{wb}) - h_a(T)}{T_{wb} - T} = -\frac{h_y}{k_y \Delta\hat{H}_{v,\,H_2O}(T_{wb})}$$

예제 14-8

건구온도가 50℃이고 이슬점 (dew point)이 1℃인 공기가 펄프의 건조를 위해서 사용된다. 건조기로의 공기 도입속도는 10 m^3/min이며 공건조기로부터 공기는 포화되어서 유출된다. 이 펄프건조공정이 단열공정으로 운전될 경우 다음 항목들을 계산하라.

① 건조기로 도입되는 공기의 상대습도, 절대습도, 습용 (humid volume)
② 건조기로부터 유출되는 공기의 온도와 절대습도
③ 건조기 내에서 펄프로부터 증발되는 수분의 증발속도

풀이 모든 풀이는 습도표 위에서 이루어진다.

① 이슬점 (T_{dp} =1℃)에서 시작한 수직선이 상대습도 100%인 포화곡선과 만나는 점에서 수평선을 그린다. 이 수평선과 건구온도 (T_{db} = 50℃)에서 시작한 수직선이 만나는 지점이 도입공기 (inlet air)의 위치이다. 이점을 기준으로,

상대습도 = 6%
절대습도 = 0.004 kg H_2O/kg DA
습용 = 0.92 m^3/kg DA

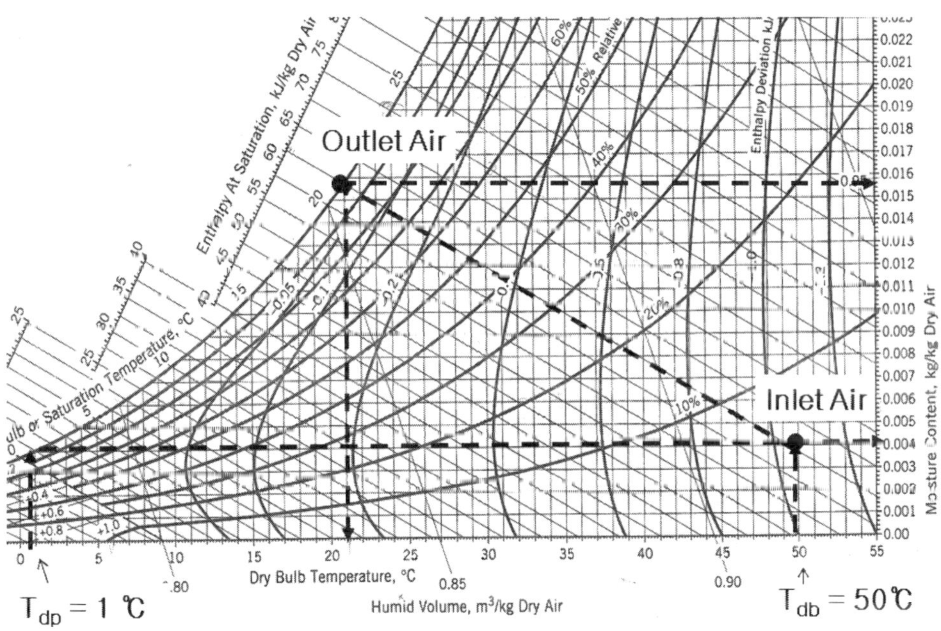

② 건조기로부터 유출되는 공기 (outlet air)는 포화공기이므로 상대습도가 100%이다. 습도표에서 도입공기의 위치에서 습구온도선을 따라서 포화습도가 100%가 되는 지점까지 다다르면 유출공기의 위치가 된다.

유출공기의 온도 = 21℃

유출공기의 절대습도 = 0.0156 kg H_2O/kg DA

③ 수분의 증발속도는 유출공기와 도입공기의 수분함유량의 차이로부터 다음과 같이 계산한다.

$$\text{도입공기의 건조공기무게} = \frac{10\,m^3}{\text{min}}\frac{1\,kg\,DA}{0.92\,m^3} = 10.9\,kg\,DA/\text{min}$$

$$\text{수분의 증발속도} = \frac{10.9\,kg\,DA}{\text{min}}\frac{(0.0156-0.004)\,kg\,H_2O}{kg\,DA} = 0.126\,kg\,H_2O/\text{min}$$

14.6 혼합엔탈피 (Heat of Mixing and Solution)

1 물질의 혼합

일정한 온도에서 두 종류 이상의 물질을 혼합하면 물질의 종류에 따라서 혼합하기 전의 물질들의 엔탈피의 단순 합과 혼합용액의 엔탈피 값이 다를 경우가 있다. 이 경우 혼합용액의 엔탈피와 각 물질의 엔탈피의 단순 합과의 차이는 열에너지로서 발생하게 된다. 이때 계와 외부 사이에 발생한 열에너지의 전달속도가 느릴 경우 혼합용액의 온도가 높아지거나 낮아진다.

• 황산 (H_2SO_4)이나 염산 (HCl)과 같은 강산 또는 NaOH 같은 강염기 물질을 비이커

에서 물 (H_2O)과 혼합하면 혼합물의 온도가 올라간다. 이 때 온도가 변하지 않는다고 가정하면 혼합물의 엔탈피, $\hat{H}_{mixture}(T)$, 는 혼합하기 전 각 순수한 물질의 엔탈피의 합, $\sum_i x_i \hat{H}_{i,pure}(T)$, 보다 작다.

즉 $$\hat{H}_{mixture}(T) < \sum_i x_i \hat{H}_{i,pure}(T)$$

이 때 혼합하기 전 후의 엔탈피의 차이는 열로서 발생한다. 이 발생 열을 충분한 속도로 제거해주지 못하면 혼합물질의 온도가 높아지게 된다. 따라서 혼합물의 온도를 일정하게 유지하기 위해서는 이 열을 제거해 주어야 한다.

• 물 (H_2O) 과 에탄올을 비이커에서 혼합하면 용액의 온도가 내려긴다. 이 때 온도가 변하지 않는다고 가정 하면 혼합물의 엔탈피는 혼합하기 전 각 순수한 물질의 엔탈피의 합보다 크다. 이 엔탈피의 차이를 주변 용액으로부터 흡수하기 때문에 혼합물의 온도가 내려간다. 즉

$$\hat{H}_{mixture}(T) > \sum_i x_i \hat{H}_{i,pure}(T)$$

• 이상기체 (ideal gases)를 혼합하면 온도가 변하지 않는다.

• Hexane과 heptane 또는 toluene과 benzene등 구조가 비슷한 액체를 혼합하면 온도가 일정하다. 일정한 온도에서 혼합물의 엔탈피는 혼합하기 전 각 순수한 물질의 엔탈피의 합과 같다. 따라서 혼합에 추가적인 에너지가 필요하거나 에너지 차이가 발생하지 않기 때문에 혼합물의 온도는 변하지 않는다. 이러한 혼합물을 이상적인 혼합물 (ideal mixture) 또는 이상용액이라고 부른다.

$$\hat{H}_{mixture}(T) = \sum_i x_i \hat{H}_{i,pure}(T)$$

② 혼합엔탈피 ($\Delta\hat{H}_{mixing}$)

온도가 일정할 때 혼합용액의 엔탈피와 혼합하기 전 각 순수물질의 엔탈피의 단순 합과의 차이를 혼합엔탈피라고 한다. 즉 다음 그림과 같이 두 종류 이상의 물질이 혼합될 경우 입력물질과 출력혼합용액의 온도는 같다고 가정하면, 혼합엔탈피는 다음과 같이 정의된다.

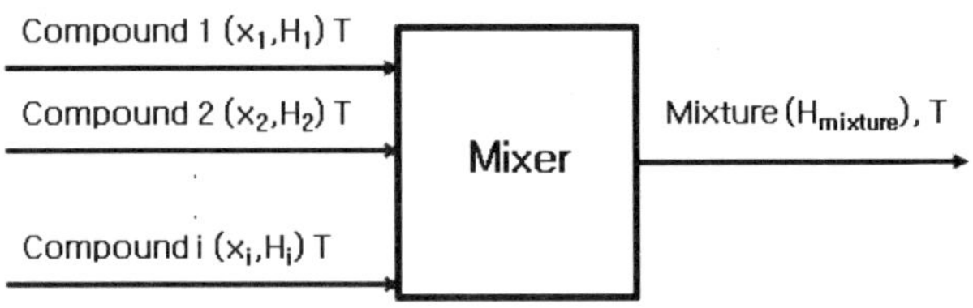

$$\Delta\hat{H}_{mixing} = \sum_{outlets}\hat{H}(T) - \sum_{inlets}x_i\hat{H}_i(T) = \hat{H}_{mixture}(T) - \sum_i x_i\hat{H}_{i,pure}(T)$$

위 식에서 x_i는 각 성분의 몰분율 또는 질량분율이다.

③ 용액열 (Heat of Solution, $\Delta\hat{H}_s(T,n)$)

일정한 온도에서 용질 1 mol과 용매 n mol 혼합용액의 총엔탈피와 혼합되지 않은 용질 1 mol의 엔탈피와 용매 n mol의 엔탈피 합과의 차이를 혼합엔탈피 또는 용액열(Heat of Solution)이라고 정의한다. 이러한 용액열은 다음 식과 같고 용매가 H_2O일 경우 다음 그림과 같다.

$$\Delta\hat{H}_s(T,n) = H_{solution}(T) - [\hat{H}_{solute}(T) + n\hat{H}_{H_2O}(T)]$$

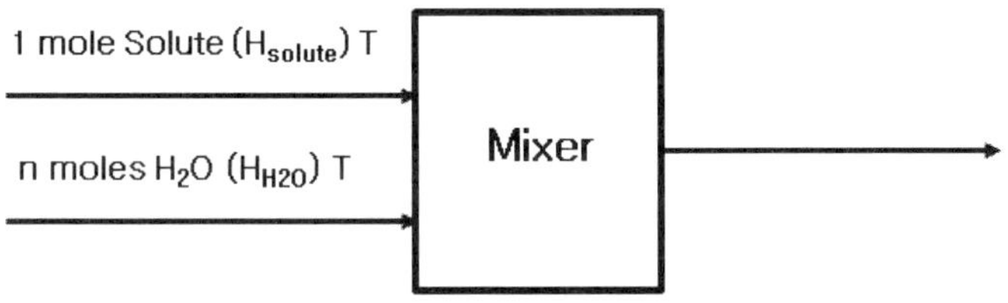

이상 용액의 경우 용액열 값은 0이다. 또한 용액열의 절대 값은 용질과 용매의 혼합비 (n)에 따라서 달라지며 다음과 같이 n → ∞ 이면 한계 값에 접근한다.

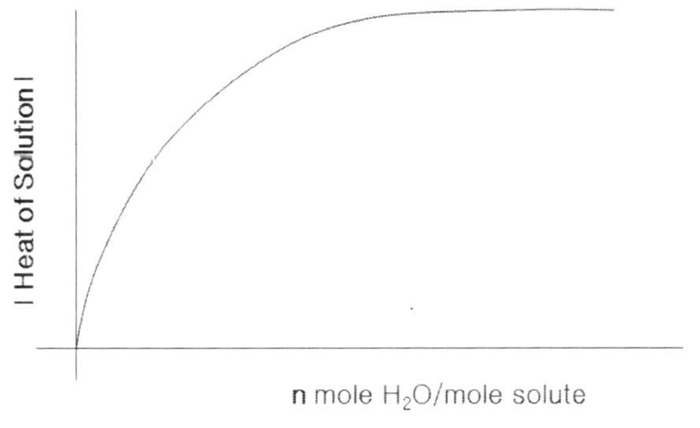

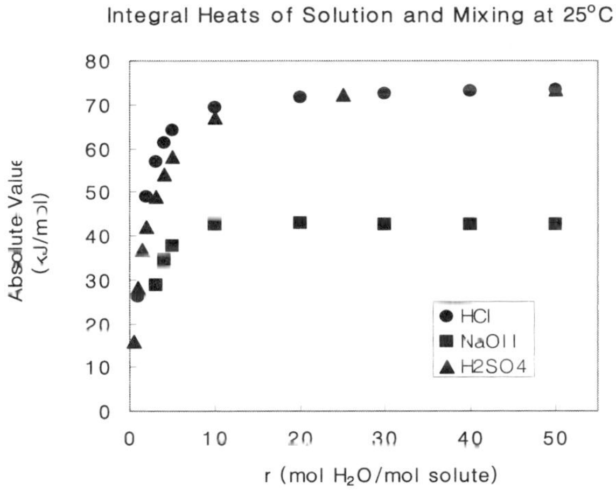

Fig. 14-6 Integral heat of solution of strong acids and base in aqueous mixture depending on the molar ratio between water and the solute.

예제 14-9

25℃ 순수한 황산 (H_2SO_4) 1 mol과 25℃ H_2O 25 mol을 단열용기에서 혼합시켰다.

① 두 성분이 완전히 혼합된 후 혼합액의 최종온도를 계산하라.
② 혼합액의 온도가 25℃로 유지되기 위해서 제거해 주어야 할 열에너지의 크기를 계산하라.

- 25℃에서 황산 (H_2SO_4)의 물에 대한 용해열:

$$\Delta \hat{H}_s(25℃, n=25) = -72.3\, kJ/mol\, H_2SO_4$$

- 순수한 황산과 물의 열용량:

$$\hat{C}_{p,\,H_2SO_4(l)}\left(\frac{kJ}{mol \cdot ℃}\right) = 139.1\times10^{-3} + 15.59\times10^{-5}\,T(℃)$$

$$\hat{C}_{p,\,H_2O(l)}\left(\frac{kJ}{mol \cdot ℃}\right) = 75.4\times10^{-3}$$

- 황산과 물 혼합액의 열용량은 각 성분의 몰분율에 비례한다고 가정한다.

풀 이

① 단열 혼합용기에서 혼합된 H_2SO_4-H_2O 혼합액의 최종온도 계산

$$n = \frac{mol\, H_2SO_4}{mol\, H_2O} = 25$$

이 혼합공정은 다음과 같이 두 단계의 가상공정으로 구성한다.

$$1\ mol\ H_2SO_4\,(25℃) \quad + \quad 25\ mol\ H_2O\,(25℃)$$

$$\downarrow\ \Delta H_1 = 100\,\Delta\hat{H}_s\,(n=25)$$

Mixture at 25℃

$$\downarrow\ \Delta H_2$$

Mixture at T℃

- $\Delta H_1 = 1 \times \Delta \hat{H}_s\,(25℃, n=25) = 1 \times (-72.3\,kJ/mol\,H_2SO_4) = -72.3\,kJ$

- ΔH_2 : 황산-물 혼합액을 25℃ 에서 최종온도 T℃ 로 가열하기 위해서 필요한 에너지

$$\hat{C}_{p,\,mixture} = x_{H_2SO_4}\hat{C}_{p,\,H_2SO_4(l)} + x_{H_2O}\,\hat{C}_{p,\,H_2O}$$

$$= \frac{1}{1+25}(139.1\times10^{-3} + 15.59\times10^{-5}\,T(℃)) + \frac{25}{1+25}(75.4\times10^{-3})$$

$$= 77.85\times10^{-3} + 0.6\times10^{-5}\,T(℃)$$

$$\Delta H_2 = \int_{25℃}^{T℃} n_{mixture}\,\hat{C}_{p,\,mixture}\,dT$$

$$= \int_{25℃}^{T℃} (1+25)\times(77.85\times10^{-3} + 0.6\times10^{-5}\,T(℃))\,dT$$

$$= 2.024\,T + 7.8\times10^{-5}\,T^2\Big|_{25℃}^{T℃}$$

$$= 2.024\,T + 7.8\times10^{-5}\,T^2 - 50.65$$

• 이 혼합공정은 단열공정이므로 에너지 수지식은,

$$Q = \Delta H = \Delta H_1 + \Delta H_2 = 0$$

$$\Delta H = -72.3 - 50.65 + 2.024T + 7.8 \times 10^{-5} T^2 = 0$$

$$7.8 \times 10^{-5} T^2 + 2.024T - 122.95 = 0$$

위 식을 풀이하면

$$T \approx 60.6℃$$

② 혼합액의 온도가 25℃로 유지되기 위해서 제거해 주어야 할 열에너지의 계산

혼합액의 최종온도가 초기 온도와 동일한 25℃일 경우 $\Delta H_2 = 0$ 이다.
따라서

$$Q = \Delta H_1 + \Delta H_2 = \Delta H_1$$

$$= 1 \times \Delta \hat{H}_s (25℃, n = 25) = -72.3\,kJ$$

따라서 72.3 kJ의 에너지를 제거시켜야 한다.

15 장 반응이 일어나는 공정에 대한 에너지 계산

15.1 비반응계와 반응계

1 비반응계 (Nonreactive Processes)

혼합, 분리, 가열 및 냉각 등과 같이 반응이 일어나지 않는 모든 종류의 화학공정에서는 화학물질의 구조는 변화하지 않는다. 따라서 정상상태 연속공정에서 계로 들어가는 화학물질의 종류와 각각의 양은 계로부터 나가는 화학물질의 종류와 각각의 양과 같다.

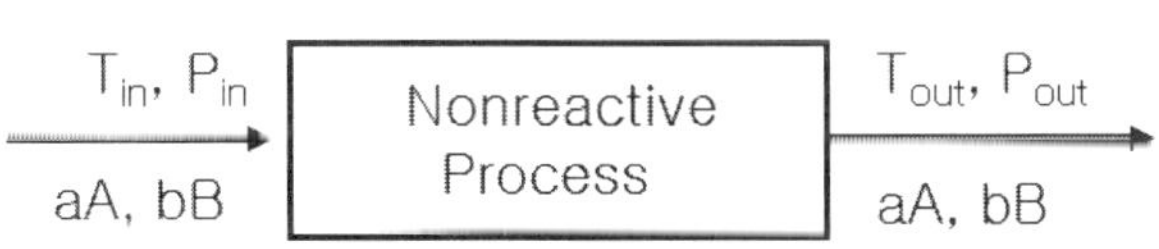

$$\Delta H = [aH_A + bH_B]_{Tout,\,Pout} - [aH_A + bH_B]_{Tin,\,Pin}$$

따라서 이러한 비반응계 화학공정에 대한 에너지 수지식을 풀이하기 위해서는 동일한 물질의 온도, 압력, 상변화에 따른 엔탈피 변화를 구하면 된다.

즉 공정의 출력물질과 입력물질의 엔탈피흐름속도의 차이는 각각 물질의 출력조건과 입력조건에서의 엔탈피 차이의 합과 동일하다.

$$\begin{aligned}\Delta \dot{H}_{streams} &= \dot{m}\left(\sum_{outlet} \hat{H} - \sum_{inlet} \hat{H}\right) \\ &= (a\hat{H}_A + b\hat{H}_B)_{outlet} - (a\hat{H}_A + b\hat{H}_B)_{inlet} \\ &= a[(\hat{H}_A)_{outlet} - (\hat{H}_A)_{inlet}] - b[(\hat{H}_B)_{outlet} - (\hat{H}_B)_{inlet}]\end{aligned}$$

따라서 비반응계의 에너지 수지식의 풀이를 위해서는 앞에서 설명된 방법에 따라서 동일한 물질에 대해서 온도, 압력, 상변화가 엔탈피에 미치는 영향을 계산하면 된다.

2 반응계 (Reactive Processes)

계 내에서 반응이 일어나는 경우에는 계로 들어가는 화학물질의 종류와 각각의 양은 계로부터 나가는 화학물질의 종류와 각각의 양과 다르다. 이는 화학반응에 의해서 물질의 화학구조가 변환되었기 때문이다. 따라서 이러한 반응 화학공정에 대한 에너지 수지식을 풀이하기 위해서는 서로 다른 물질 사이의 엔탈피 차이를 구하여야 한다. 특히 화학반응 "aA + bB → cC + dD"가 계에서 일어난다고 할 때, 반응물질 A, B가 각각 a, b mol씩 공정에 유입되고 생성물질 C, D가 각각 c, d mol 씩 나온다고 하면 공정의 입출력 흐름의 엔탈피 차이 $\Delta \hat{H}_r$를 반응열라고 한다.

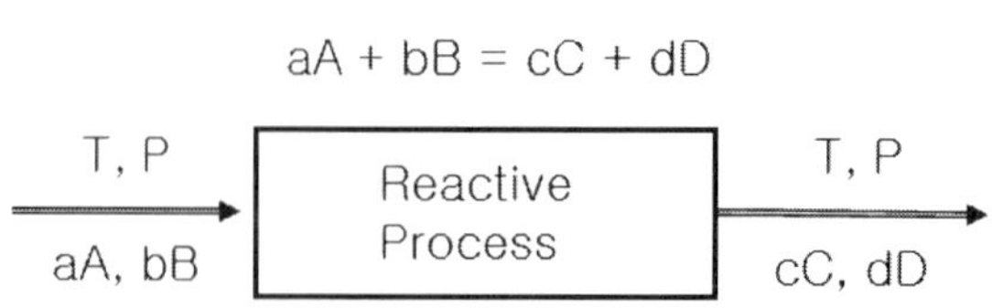

$$\Delta H_r = [cH_C + dH_D]_{T,P} - [aH_A + bH_B]_{T,P}$$

$$\Delta \dot{H}_{streams} = \dot{m}\left(\sum_{outlet} \hat{H} - \sum_{inlet} \hat{H}\right)$$

$$= (c\hat{H}_C + d\hat{H}_D)_{outlet} - (a\hat{H}_A + b\hat{H}_B)_{inlet}$$

따라서 반응계에 대한 에너지 수지식을 풀이하기 위해서는 서로 다른 물질의 경우 온도, 압력, 상변화가 엔탈피에 미치는 영향을 비교해야 한다.

15.2 반응열 (Heat of Reaction)의 정의

온도와 압력이 일정하게 유지된 상태에서 반응이 일어날 때 다음과 같은 조건을 만족하는 경우 생성물질과 반응물질의 엔탈피의 차이를 반응열이라고 정의한다.

반응 : aA + bB → cC + dC

반응열을 정의하기 위한 조건 :

① 반응물질들은 각각 반응계수의 비로 공급된다. 즉 A와 B는 몰비 a : b 로 공급된다.
② 반응은 완결된다. 즉 반응 후에는 반응물질 A와 B가 남아있지 않으며 생성물질 C와 D의 몰비는 c : d이다.
③ 반응물질과 생성물질의 온도 및 압력은 동일하다.

이 때 이 반응의 반응열은 생성물들의 엔탈피의 합과 반응물질들의 엔탈피의 합의 차이로 정의되며 다음 식과 같다.

$$\Delta \dot{H}_r(T, P) = (c\hat{H}_C + d\hat{H}_D) - (a\hat{H}_A + b\hat{H}_B)$$

일반적으로 반응열은 화학반응계수 (ν_i)를 이용해서 다음과 같이 표시한다.

$$\Delta\hat{H}_r(T,P)=\sum_i \nu_i \hat{H}_i=\sum_{products}|\nu_i|\hat{H}_i-\sum_{reactants}|\nu_i|\hat{H}_i$$

생성물질은 + 값의 화학반응계수(ν_i) 값을 가지며, 반응물질은 - 값의 화학반응계수(ν_i) 값을 가진다.

반응열의 단위는 kJ/mol이다. 분모의 mol은 반응진행도 (reaction extent, ξ)의 단위이다. ξ = 1 mol일 때 반응물질은 각각의 화학반응계수 mol만큼 반응하고 생성물질은 각각의 화학반응계수 mol 만큼 생성된다. 수소기체의 연소반응의 예를 들면, 화학반응식이 다음과 같을 경우

$$H_2+\frac{1}{2}O_2\rightarrow H_2O(l)$$

ξ = 1 mol일 때 수소기체는 1 mol, 산소기체는 0.5 mol이 반응하고 물은 1 mol이 생성된다. 이 때 반응열은 -285 kJ/mol이다. 위의 반응을 다음 식과 같이 나타낼 수도 있다.

$$2H_2+O_2\rightarrow 2H_2O(l)$$

이 반응식에 기준할 경우 ξ = 1 mol일 때 수소기체는 2 mol, 산소기체는 1 mol이 반응하고 물은 2 mol이 생성된다. 이 때 반응열은 -285x2 = -570 kJ/mol이다. 반응열 $\Delta\hat{H}_r(T,P)$ 의 단위는 kJ/mol이다. 이때 분모의 1 mol은 반응물이나 생성물 중 한 물질 1 mol을 나타내는 것이 아니라 반응진행도 ξ가 1 mol인 것을 나타낸다. 따라서 $\Delta\hat{H}_r(T,P)$ 값은 동일한 반응을 나타내는 화학식에 따라서 달라진다.

3 화학결합과 반응열

화학결합을 끊기 위해서는 에너지가 필요하며 반응열은 양의 부호 값을 가진다. 즉

$$A\text{---}B\rightarrow A+B:\ \Delta\hat{H}_r(T,P)>0$$

화학결합이 생성되는 반응에서는 에너지가 방출되며 반응열은 음의 값을 가진다. 즉

$$\text{A} + \text{B} \rightarrow \text{A--B}: \Delta \hat{H}_r(T, P) < 0$$

(1) 흡열반응 (Endothermic Reactions)

생성물질들의 엔탈피의 합이 반응물질들의 엔탈피의 합보다 클 경우 이 반응을 흡열 반응이라고 한다. 즉

$$\Delta \hat{H}_r(T, P) = \sum_i \nu_i \hat{H}_i = \sum_{products} |\nu_i| \hat{H}_i - \sum_{reactants} |\nu_i| \hat{H}_i > 0$$

온도를 일정하게 유지하기 위해서는 엔탈피 차만큼의 필요한 에너지를 외부에서 공급해주어야 한다. 에너지가 충분히 공급되지 않으면 생성물질의 온도는 낮아지게 된다. 탈수소반응 및 탈수반응 등은 흡열반응이다.

(2) 발열반응 (Exothermic Reactions)

생성물질들의 엔탈피의 합이 반응물질들의 엔탈피의 합보다 적을 경우 이 반응을 발열 반응이라고 한다. 즉

$$\Delta \hat{H}_r(T, P) = \sum_i \nu_i \hat{H}_i = \sum_{products} |\nu_i| \hat{H}_i - \sum_{reactants} |\nu_i| \hat{H}_i < 0$$

온도를 일정하게 유지하기 위해서는 엔탈피 차만큼의 에너지를 계에서 제거시켜야 한다. 충분한 양의 에너지가 제거되지 않을 경우 발생한 에너지에 의해서 생성물질의 온도가 높아지게 된다. 산화반응 (oxidation), 수소첨가반응 (hydrogenation) 및 수화반응 (hydration)등은 발열반응이다.

4 반응진행도 (Reaction Extent, ξ)

반응열 $\Delta\hat{H}_r(T,P)$ 의 기준이 되는 반응진행도는 다음식과 같이 정의한다.

$$\xi = \frac{n_i - n_{io}}{\nu_i} = \frac{\Delta n_i}{\nu_i}$$

이 식에서 n_{io}는 물질 i의 초기 mol수, n_i는 반응이 시작된 후 임의의 시점에서 물질 i의 mol수, 그리고 Δn_i는 반응 후 물질 i의 변화된 mol수이다. 각 반응물질들은 화학반응계수의 비와 같게 주어지지는 않는다. 산화반응의 경우 예를 들면 산소는 화학반응식에 의해서 계산된 필요한 양보다 더욱 많은 양이 과량으로 공급되게 된다. 각 반응물질의 양이 주어지고 반응의 진행도가 결정되면 반응전 후 엔탈피의 변화량은 다음과 같이 계산한다.

$$\Delta H = \xi \Delta\hat{H}_r(T, P)$$

반응진행도 ξ에는 아래첨자 i가 없다. 즉 반응진행도 값은 계산하기 위해서 기준으로 사용한 물질의 종류와 관계없이 일정하다.

예제 15-1

Butane의 산화 반응식은 다음과 같다.

$$C_4H_{10}\,(g) + 13/2\ O_2 \rightarrow 4\ CO_2\,(g) + 5\ H_2O\,(l),$$

$$\Delta\hat{H}_r = -2{,}878\,kJ/mol$$

반응전 C_4H_{10} 20 mol, O_2 100 mol, CO_2 10 mol, H_2O 10 mol이 있었다. 반응 시작 후 임의의 시점에서 C_4H_{10}이 10 mol 남아 있었다.

① 이 때 반응정도와 반응에 의한 엔탈피 변화 값을 계산하시오.

② 위의 연소반응식이 다음과 같이 바뀔 경우 동일한 반응조건에 대해서 반응정도와 엔탈피 변화 값을 다시 계산하시오.

$$2\ C_4H_{10}\ (g) + 13\ O_2 \rightarrow 8\ CO_2\ (g) + 10\ H_2O\ (l)$$

풀이

① 주어진 화학반응식과 조건에 의해서 반응전 후 각각의 물질의 mol수를 계산하면 다음 표와 같다.

	$C_4H_{10}(g)$	O_2 (g)	CO_2 (g)	H_2O (l)
화학반응계수 (ν_i)	-1	-13/2	4	5
반응 전 mol수(n_{io})	20	100	10	10
반응 후 mol수(n_i)	10	100-10x13/2=35	10+10x4=50	10+10x5=60
반응량($\Delta n_i = n_i - n_{io}$)	-10	-65	40	50

반응정도는 $\xi = \dfrac{n_i - n_{io}}{\nu_i} = \dfrac{\Delta n_i}{\nu_i}$ 식에 의해서 계산하면 10 mol이며 이 값은 계산에 사용된 반응물질 및 생성물질의 종류에 관계없이 일정하다.

반응에 의한 엔탈피 변화는

$$\Delta H = \xi \Delta \hat{H}_r = 10\,mol\,\frac{-2{,}878\,kJ}{mol} = -28{,}780\,kJ$$

② 새로운 화학반응식에 의해서 위 표를 다시 작성하면 다음과 같다.

	C_4H_{10} (g)	O_2 (g)	CO_2 (g)	H_2O (l)
화학반응계수 (ν_i)	-2	-13	8	10
반응 전 mol (n_{io})	20	100	10	10
반응 후 mol수(ni)	10	100-10x13/2=35	10+10x4=50	10+10x5=60
반응량 ($\Delta n_i = n_i - n_{io}$)	-10	-65	40	50

바뀐 화학반응식에 의한 반응정도는 $\xi = \dfrac{n_i - n_{io}}{\nu_i} = \dfrac{\Delta n_i}{\nu_i}$ 식에 의해서 계산하면 5 mol

이며 이 값은 계산에 사용된 반응물질 및 생성물질의 종류에 관계없이 일정하다.

새로운 화학반응식은 원래 화학반응식의 양변에 2를 곱한 결과이다. 즉 반응열의 정의에서 반응물질과 생성물질의 변화량은 처음 반응식의 2배이다. 따라서 새로운 화학반응식의 반응열은 처음 화학반응식의 반응열의 2배가 된다. 즉

$$\Delta \hat{H}_{r2} = 2\Delta \hat{H}_{r1} = 2(-2,878\,kJ/mol) = -5,756\,kJ/mol$$

반응에 의한 엔탈피 변화는

$$\Delta H = \xi \Delta \hat{H}_{r2} = 5\,mol \frac{-5,756\,kJ}{mol} = -28,780\,kJ$$

위의 예와 같이 동일한 반응에 대한 반응열과 반응정도는 그 반응을 나타내기 위해서 사용된 화학반응식에 따라서 값이 달라진다. 즉 주어진 반응에 대해서 반응식 A → B 를 사용하고 이에 대한 반응열과 반응정도가 각각 $\Delta \hat{H}_{r1}$과 ξ_1이라면, 동일한 반응을 반응식 a (A → B)로 나타낼 때 반응열은 $\Delta \hat{H}_{r2} = a\Delta \hat{H}_{r1}$, 반응정도는 $\xi_2 = \frac{\xi_1}{a}$ 이다. 그러나 주어진 반응식에서 초기조건과 최종 조건이 동일하게 반응이 진행될 경우 반응에 의한 엔탈피 변화량 $\Delta H = \xi \Delta \hat{H}_r$는 사용된 반응식에 관계없이 동일하다. 즉

$$\Delta H = \xi_2 \Delta \hat{H}_{r2} = \frac{\xi_1}{a} a\Delta \hat{H}_1 = \xi_1 \Delta \hat{H}_1$$

1 반응내부에너지 (Internal Energy of Reaction, $\Delta \hat{U}_r(T)$)

반응이 닫힌계인 회분식 반응기에서 일어난다면 반응 중 공급하거나 제거해 주어야 할 열에너지 값은 생성물질들과 반응물질들 사이의 내부에너지 차이와 같다. 즉

$$\Delta \hat{U}_r = \sum_i \nu_i \hat{U}_i = Q + W \approx Q$$

엔탈피와 내부에너지 사이의 관계식은 $\Delta H = \Delta U + \Delta PV$이다.

액체나 고체물질의 경우 ΔPV 값은 무시할 정도로 작기 때문에

$$\Delta H \approx \Delta U$$

기체물질의 경우 이상기체로 가정하면 일정한 온도에서

$$\Delta PV = \Delta nRT = RT\Delta n$$

따라서

$$\Delta H = \Delta U + RT\Delta n$$

따라서

$$\Delta \hat{U}_r = \Delta \hat{H}_r - \Delta P\hat{V}$$

$$\Delta \hat{U}_r = \Delta H_r - RT\Delta n_{gas} = \Delta \hat{H}_r - RT\left[\sum_{\substack{gaseous \\ products}} |\nu_i| \quad \sum_{\substack{gaseous \\ reactants}} |\nu_i|\right]$$

예제 15-2

다음 butane 연소반응의 반응엔탈피와 반응내부에너지의 관계식을 구하시오.

$$C_4H_{10}\,(g) + 13/2\ O_2\,(g) \rightarrow 4\ CO_2\,(g) + 5\ H_2O\,(l)$$

풀 이

위 반응에 참여하는 물질 중 생성물인 H_2O (l)만이 액체이다. 따라서

$$\sum_{\substack{gaseous\\products}} |\nu_i| - \sum_{\substack{gaseous\\reactants}} |\nu_i| = 4 - 1 - 13/2 = -3.5$$

따라서

$$\Delta \hat{U}_r = \Delta \hat{H}_r - RT\left[\sum_{\substack{gaseous\\products}} |\nu_i| - \sum_{\substack{gaseous\\reactants}} |\nu_i|\right] = \Delta \hat{H}_r + 3.5\,RT$$

15.3 표준생성열 (Standard Heat of Formation)부터 표준 반응열 구하기

1 생성 반응 (Formation Reactions) 과 생성열

반응 엔탈피는 생성물질과 반응물질의 엔탈피 차이를 나타내므로 서로 다른 물질 사이의 엔탈피 값을 비교해야 한다. 서로 다른 물질 사이의 엔탈피 차이를 구하기 위해서는 공통 기준점을 지정해야 한다. 반응계의 경우 어떠한 종류의 반응이 일어나더라도 반응 전 후 원자의 종류와 양은 보존된다. ethanol의 acetaldehyde로의 탈수반응의 예를 들면

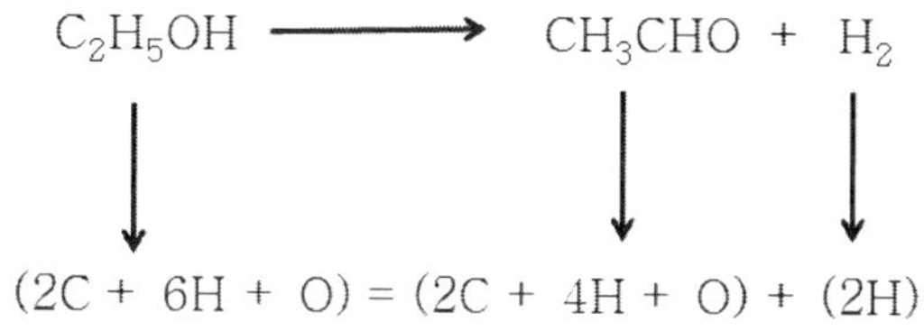

반응 전후 각 원자들의 종류와 양 (2C + 6H + O)은 변하지 않고 보존된다. 따라서 반응물질과 생성물질을 구성하고 있는 원자를 반응물질과 생성물질의 공통 기준 물질로 사용할 수 있다. 그러나 화학물질과 그 화학물질을 구성하고 있는 원자들 사이의 엔탈피 차이를 구하는 것은 실험적으로 불가능하다. 따라서 원자 대신 실제로 존재하는 한 종류의 원자로 이루어진 분자인 원소를 기준물질로 정하면 화학물질과 그 화학물질을 구성하는 원소의 엔탈피 차이를 실험적으로 구할 수 있다. 이러한 엔탈피 차이를 생성열 ($\Delta\hat{H}_f$)이라고 한다. 원자와 마찬가지로 원소들도 모든 종류의 반응에서 보존된다. 위의 에탄올 탈수반응을 원소를 기준으로 나타내면 다음과 같다.

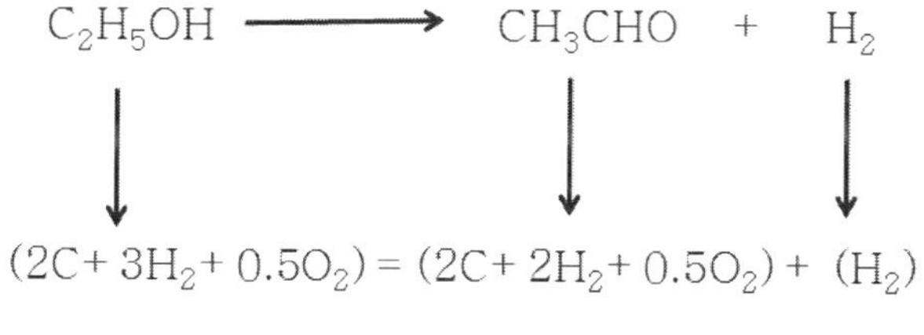

원자와 마찬가지로 원소들의 종류와 양 ($2C + 3H_2 + 0.5O_2$)도 보존되는 것을 알 수 있다. 따라서 화학물의 생성반응과 생성열은 다음과 같이 정의한다.

생성반응 (formation reaction) : Σ n_i Element i $\rightarrow$ compound

생성열 (heat of formation) : $\Delta\hat{H}_f = \hat{H}_{compound} - \sum n_i \hat{H}_{element\ i}$

따라서 원소들의 생성열은 0이다.

원소들의 예로는 O_2, H_2, N_2, Br_2, C, Cl_2, Cu, He, I_2, Fe, Pb, Hg, Ni,... 등이 있다.

예제 15-3

화합물 NH_4NO_3, C_6H_6, CH_3OH, NH_3에 대한 각각의 생성반응을 나타내시오.

풀 이

$N_2 + 2H_2 + 3/2\ O_2 \rightarrow NH_4NO_3$

$6C + 3H_2 \rightarrow C_6H_6$

$C + 2H_2 + 1/2\ O_2 \rightarrow CH_3OH$

$1/2\ N_2 + 3/2\ H_2 \rightarrow NH_3$

2 표준생성열 ($\Delta\hat{H}_f^\circ$, Standard Heat of Formation)과 표준 반응열 ($\Delta\hat{H}_r^\circ$)

표준조건인 25℃, 1 atm에서 화합물이 그 화합물을 구성하고 있는 원소들로부터 생성되는 반응의 반응열을 표준생성열이라고 한다. 마찬가지로, 일반적인 반응이 표준조건인 25℃, 1 atm에서 진행될 경우 반응열은 표준반응열이라고 한다. 표준반응열은 반응물질 및 생성물질의 표준생성열로부터 다음 식에 의해서 구한다. 즉 주어진 반응의 표준 반응열은 생성물의 표준생성열 합과 반응물질의 표준생성열 합의 차이 값이다.

$$\Delta\hat{H}_r^\circ = -\sum_{reactants}|\nu_i|\Delta\hat{H}_{f,i}^\circ + 0 + \sum_{products}|\nu_i|\Delta\hat{H}_{f,i}^\circ$$

$$\Delta\hat{H}_r^\circ = \sum_i \nu_i \Delta\hat{H}_{f,i}^\circ$$

이러한 관계는 다음의 열역학 순환도표로 나타낼 수 있다. 즉 표준반응열 $\Delta\hat{H}_r^\circ$ 는 점선으로 구성된 경로의 각 단계의 엔탈피 변화의 합과 같다.

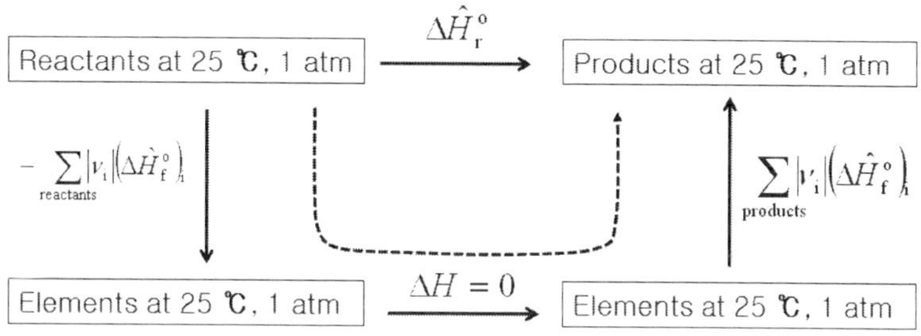

Fig. 15-1 Thermodynamic cycle to calculate standard heat of reaction from standard heat of formation of each reacting material.

많은 종류의 화합물에 대한 표준 생성열 값은 대부분의 교재에 수록되어 있으므로 이들 값으로 부터 다양한 반응의 표준 반응열을 계산할 수 있다.

예제 15-4

다음과 같은 n-butane (g) 산화 반응의 표준 반응열을 각 화합물질의 표준생성열로부터 구하시오.

$$n\text{-}C_4H_{10}\,(g) + 13/2\ O_2\,(g) \rightarrow 4\ CO_2\,(g) + 5\ H_2O\,(l),$$

풀 이

위 반응에 대한 표준 반응열과 각 물질의 표준 생성열과의 관계를 나타내는 열역학적 엔탈피 순환도를 그리면 다음과 같다.

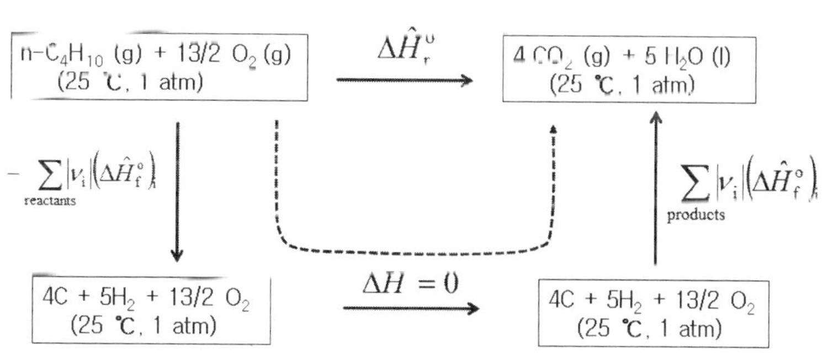

위의 도표에서와 같이 반응 전 후 각 원소들의 종류 및 양은 변하지 않고 동일하다. 따라서

$$\Delta \hat{H}_r^\circ = \sum_i \nu_i \Delta \hat{H}_{f,i}^\circ$$

$$= 5\Delta \hat{H}_{f,\,H_2O(l)}^\circ + 4\Delta \hat{H}_{f,\,CO_2}^\circ - \Delta \hat{H}_{f,\,nC_4H_{10}(g)}^\circ - \frac{13}{2}\Delta \hat{H}_{f,\,O_2}^\circ$$

$$= 5(-285.8) + 4(-393.5) - (-124.7) - \frac{13}{2}(0)$$

$$= -2{,}878.3\,kJ/mol$$

15.4 표준연소열 (Standard Heat of Combustion)부터 표준 반응열 구하기

(1) 연소 반응 (Combustion Reactions) 과 연소열 ($\Delta \hat{H}_c$)

화합물 1 mol이 산소와 반응하여 완전연소물질을 만들어내는 반응을 연소반응이라 하고 이때의 반응열을 연소열이라고 부른다. 화합물질의 연소반응에서 화학물질을 구성하고 있는 각 원자별로 다음과 같은 완전연소 생성물을 만들어낸다.

$$C \rightarrow CO_2$$
$$H \rightarrow H_2O$$
$$S \rightarrow SO_2$$
$$N \rightarrow N_2$$

질소의 경우 산소와 반응해서 여러 종류의 질소산화물질 (NO, NO_2, NO_3, N_2O, N_2O_3, N_2O_5 등)을 생성한다. 그러지만 질소는 일반적으로 산소에 의해서 연소되지 않으므로 화합물이 연소 반응할 때 화합물에 포함되어 있는 질소원자 (N)는 질소분자 (N_2)를 생성한다고 가정한다.

예제 15-5

여러 가지 화합물의 연소반응

$$C_2H_5OH + 3O_2 \rightarrow 2CO_2 + 3H_2O$$
$$C_6H_6 + 13/2O_2 \rightarrow 6CO_2 + 3H_2O$$
$$NH_3\ (g) + 3/4O_2 \rightarrow 0.5N_2 + 3/2H_2O$$
$$C_6H_5O_2N + 25/2O_2 \rightarrow 6CO_2 + 5/2H_2O + 0.5N_2$$

(2) 표준연소열 ($\Delta\hat{H}_c^\circ$, Standard Heat of Combustion)과 표준 반응열 ($\Delta\hat{H}_r^\circ$)

표준조건인 25℃, 1 atm에서 물질이 완전 연소되어 25℃, 1 atm의 완전연소물질을 생성하는 반응을 표준연소반응이라고 한다. 따라서 25℃, 1 atm에서 수소원자 (H)의 완전연소 생성물인 H_2O는 액체로 표기해야 한다.

$$C \rightarrow CO_2\ (g)$$
$$H \rightarrow H_2O\ (l)$$
$$S \rightarrow SO_2\ (g)$$
$$N \rightarrow N_2\ (g)$$

에탄올의 완전연소반응을 예를 들면, 다음과 같이 반응물질과 생성물질의 상 (phase)을 정확하게 표시해야한다.

$$C_2H_5OH\ (l) + 3O_2\ (g) \rightarrow 2CO_2\ (g) + 3H_2O\ (l)$$

화합물을 구성하고 있는 원자와 각 원자의 완전연소 생성물질은 1:1 대응하므로 화학반응에서 반응물질들과 생성물질들의 완전연소 생성물은 원자나 원소와 마찬가지로 보존된다. 따라서 완전연소 생성물질도 엔탈피 계산을 위한 기준물질로 사용할 수 있다. 다음의 ethanol 탈수소화 반응을 예를 들면 반응물질과 생성물질의 완전연소는 각각 2 mol의 CO_2와 3 mol의 H_2O분자를 동일하게 생성시키는 것을 알 수 있다. 또한 반응물질과 생성물질의 완전연소를 위해서 3mol의 O_2가 동일하게 소요되는 것도 알 수 있다.

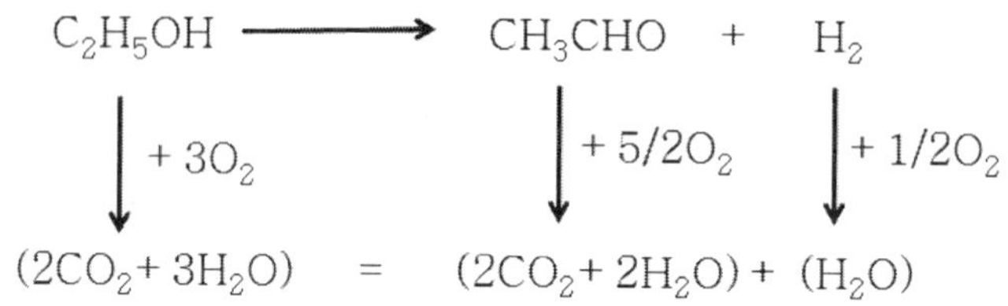

주어진 반응에서 각 반응물질과 생성물질의 표준 연소열로부터 표준 반응열을 구하는 식은 다음과 같다.

$$\Delta \hat{H}_r^\circ = \sum_{reactants} |\nu_i| \Delta \hat{H}_{c,i}^\circ + 0 - \sum_{products} |\nu_i| \Delta \hat{H}_{c,i}^\circ$$

$$\Delta \hat{H}_r^\circ = -\sum_i \nu_i \Delta \hat{H}_{c,i}^\circ$$

이 식을 열역학 순환도로 표시하면 다음과 같다. 즉 표준반응열 $\Delta \hat{H}_r^\circ$ 는 점선으로 구성된 경로의 각 단계의 엔탈피 변화의 합과 같다.

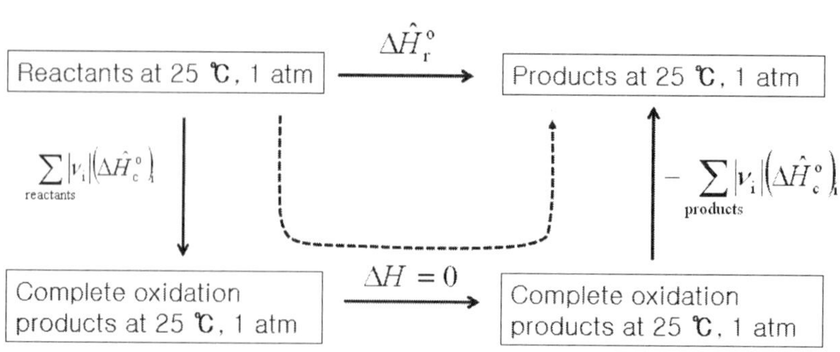

예제 15-6

다음과 같은 ethanol 탈수소화 반응의 표준 반응열을 각 화합물질의 표준연소열로부터 구하시오.

$$C_2H_5OH\ (l)\ \rightarrow CH_3CHO\ (g) +\ H_2\ (g),$$

풀 이 위 반응에 대한 표준 반응열과 각 물질의 표준 연소열과의 관계를 나타내는 열역학적 엔탈피 순환도를 그리면 다음과 같다.

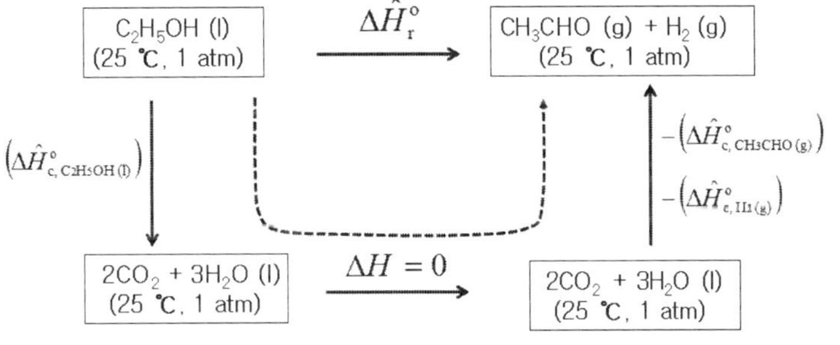

따라서

$$\Delta \hat{H}_r^\circ = -\sum_i \nu_i \Delta \hat{H}_{c,i}^\circ$$

$$= \Delta \hat{H}_{c,C_2H_5OH(l)}^\circ - \Delta \hat{H}_{c,CH_3CHO(g)}^\circ - \Delta \hat{H}_{c,H_2(g)}^\circ$$

$$= (-1366.9) - (-1192.4) - (-285.8)$$

$$= 111.3\,kJ/mol$$

요약 :

주어진 반응의 25℃, 1 atm에서 표준반응열 ($\Delta \hat{H}_r^\circ$)은 다음과 같이 반응에 참여하는 각 반응물질과 생성물질의 표준 생성열 ($\Delta \hat{H}_{f,i}^\circ$) 또는 표준연소열 ($\Delta \hat{H}_{c,i}^\circ$)로부터 구한다.

$$\text{반응식}: \nu_i I = 0$$

$$\Delta \hat{H}_r^\circ = \sum_i \nu_i \Delta \hat{H}_{f,i}^\circ$$

$$\Delta \hat{H}_r^\circ = -\sum_i \nu_i \Delta \hat{H}_{c,i}^\circ$$

15.5 반응계에 대한 에너지 계산

정상상태의 흐름계 반응이 일어날 경우 사용할 에너지 수지식은 동일하다.

$$\Delta \dot{E}_k + \Delta \dot{E}_p + \Delta \dot{H} = \dot{Q} + \dot{W}_s$$

일반적인 화학공정의 경우 도입흐름과 유출흐름 사이의 운동에너지의 차이와 위치에너지의 차이는 엔탈피 차이에 비해서 작다. 따라서 비반응계와 마찬가지로 다음과 같이 단순한 에너지 수지식을 사용한다.

$$\Delta \dot{H} = \dot{H}_{outlet} - \dot{H}_{inlet} = \dot{Q} + \dot{W}_s$$

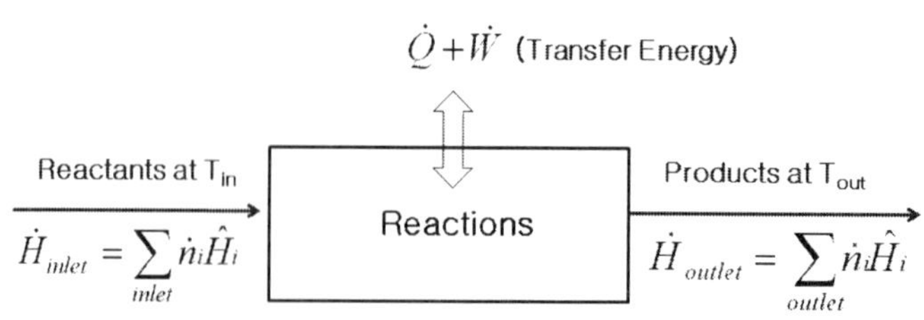

① 단일 반응식이 주어진 경우

반응계 중 계 내에서 일어나는 반응이 단일반응으로 간단하고 반응식이 알려져 있을 경우 다음과 같이 계에 대한 에너지 수지식을 풀이한다.

다음의 도표와 같이, 주어진 반응식에 대하여 표준반응열 ($\Delta \hat{H}_r^\circ$)을 반응에 참여하는 각 물질의 표준생성열로부터 Path (2)에 따라서 구한다. 즉

$$\Delta \hat{H}_r^\circ = \sum_i \nu_i \Delta \hat{H}_{f,i}^\circ \quad \text{또는} \quad \Delta \hat{H}_r^\circ = -\sum_i \nu_i \Delta \hat{H}_{c,i}^\circ$$

또한 주어진 반응조건 (반응물질의 전환속도 또는 생성물질의 생성속도 (mol/h))으로부터 반응진행도 $\dot{\xi}$값 (mol/h)을 구한다.

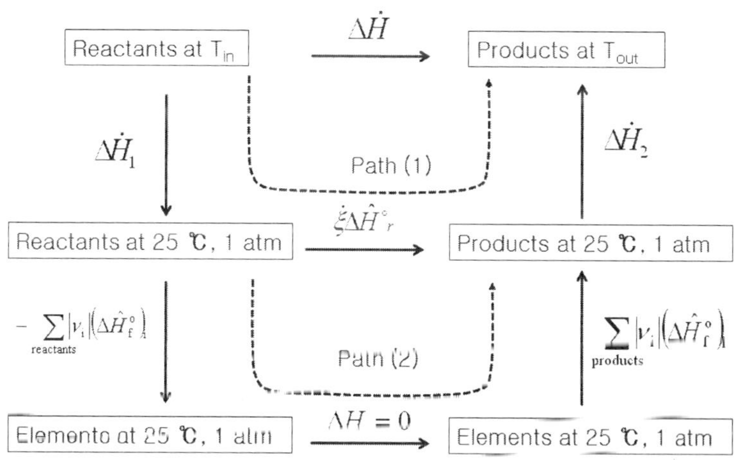

전제 공정에 대한 엔탈피 변화량은 Path (1)에 따라서 구한다. 즉

$$\Delta \dot{H} = \dot{H}_{outlet} - \dot{H}_{inlet} = \Delta \dot{H}_1 + \dot{\xi}\, \Delta \hat{H}_r^\circ + \Delta \dot{H}_2$$

이 식에서 $\Delta \dot{H}_1$ 은 도입흐름에 존재하는 반응물질의 T_{in}에서 표준온도인 25℃까지의 현열 (sensible heat)이고, $\Delta \dot{H}_2$ 는 유출흐름에 존재하는 생성물질의 표준온도 25℃ 에서 T_{out}까지 현열 (sensible heat)이다. 따라서 $\Delta \dot{H}_1$과 $\Delta \dot{H}_2$는 다음 식에 따라서 구한다.

$$\Delta \dot{H}_1 = \int_{T_{inlet}}^{25℃} (\sum_{inlet} \dot{n}_i \hat{C}_{p,i}) dT$$

$$\Delta \dot{H}_2 = \int_{25℃}^{T_{outlet}} (\sum_{outlet} \dot{n}_i \hat{C}_{p,i}) dT$$

위의 적분온도 범위에서 상변화가 발생하는 물질이 존재할 경우 그 물질의 잠열 (latent heat)을 추가로 고려해 주어야 한다. 예를 들면 적분 구간, 25℃ 와 T사이에 물질의 끓는점 T_b가 존재한다면 화합물질의 비엔탈피 ($\hat{H}_i$)는 다음식과 같이 끓는점 T_b에서 증발열 ($\Delta \hat{H}_{vap,i}(T_b)$)을 추가하여 계산한다.

$$\hat{H}_i = \Delta \hat{H}^{\circ}_{f,i} + \int_{25℃}^{T_b} \hat{C}_{p,i}(l) dT + \Delta \hat{H}_{vap,i}(T_b) + \int_{T_b}^{T} \hat{C}_{p,i}(g) dT$$

예제 15-7

n-Butane (g) 100 mol/s, 산소 (O_2) 800 mol/s 이 1 atm, 50℃로 연속식반응기에 공급되고 출력흐름은 1 atm, 200℃이며 CO_2의 생성속도는 200 mol/s이다. 정상상태에서 이 반응기에 필요한 열에너지 공급 속도를 구하시오.

각 성분들의 표준생성열 및 열용량 계수들은 다음 표와 같다.

Component	표준생성열 $\Delta \hat{H}^{\circ}_{f,i}$ (kJ/mol)	Heat Capacity Coefficients (kJ/mol-℃)			
		ax10[3]	bx10[5]	cx10[8]	dx10[12]
n-C_4H_{10} (g)	-124.7	92.3	27.9	-15.5	35.0
CO_2	-393.5	36.1	4.23	-2.89	7.46
H_2O (l)	-285.8	75.4	-	-	-
H_2O (g)	-241.8	33.5	0.688	0.760	-3.59
O_2	0	29.1	1.15	-0.607	1.31

$$\hat{C}_p\left(\frac{kJ}{mol\ ℃}\right) = a + bT + cT^2 + dT^3\ ,\ T(℃)$$

또한 100℃ 에서 H_2O (l)의 증발열, $\Delta \hat{H}_v$ (100℃) = 41 kJ/mol.

풀 이

n-Butane (g)의 반응식은 다음과 같이 수립한다.

$$n\text{-}C_4H_{10}\,(g) + 13/2\ O_2\,(g) \rightarrow 4\ CO_2\,(g) + 5\ H_2O\,(l)$$

* 출력흐름의 온도가 200℃ 이므로 H_2O는 액체가 아닌 기체 상태이다. 25℃ 에서 표준반응식의 경우 반응에 의해서 생성된 H_2O는 액체이므로, 유출흐름의 기체 H_2O의 에너지 계산을 위해서 100℃ 에서 H_2O의 증발열, $\Delta \hat{H}_v$ (100℃)을 추가적으로 고려해야 한다.

① 물질수지

주어진 반응식을 이용해서 입력 및 출력 흐름의 물질흐름을 계산하면 다음 표와 같다.

Component	$\dot{n}_{inlet}$ (mol/s)	$\dot{n}_{outlet}$ (mol/s)
n-C_4H_{10} (g)	100	100-200/4 =50
O_2 (g)	800	800-50*13/2=475
CO_2 (g)	0	200
H_2O (g)*	0	200*5/4 = 250

② 에너지 수지

이 반응계를 도표로 나타내면 다음과 같다.

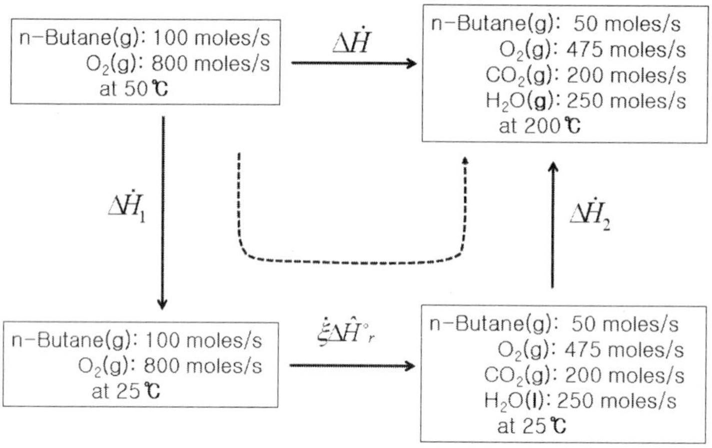

• 반응진행도

$$\dot{\xi} = \frac{\Delta \dot{n}_i}{\nu_i} = \frac{\Delta \dot{n}_{butane}}{\nu_{butane}} = \frac{(50-100)\,mol/s}{-1} = 50\,mol/s$$

• 반응식에 대한 표준반응열

$$\Delta \hat{H}_r^\circ = \sum_i \nu_i \Delta \hat{H}_{f,i}^\circ = 5\Delta \hat{H}_{f,\,H_2O(l)}^\circ + 4\Delta \hat{H}_{f,\,CO_2}^\circ - \Delta \hat{H}_{f,\,nC_4H_{10}(g)}^\circ - \frac{13}{2}\Delta \hat{H}_{f,\,O_2}^\circ$$

$$= 5(-285.8) + 4(-393.5) - (-124.7) - \frac{13}{2}(0)$$

$$= -2{,}878.3\,kJ/mol$$

• $\Delta \dot{H}_1$ (50℃ → 25℃)

$$\sum_{inlet} \dot{n}_i \hat{C}_{p,i} = \frac{100\,mol}{s}\hat{C}_{p,\,n-C_4H_{10}} + \frac{800\,mol}{s}\hat{C}_{p,\,O_2}$$

$$= \frac{100\,mol}{s}(92.3\times 10^{-3} + 27.9\times 10^{-5}T - 15.5\times 10^{-8}T^2 + 35\times 10^{-12}T^3)$$

$$+\frac{800\,mol}{s}(29.1\times10^{-3}+1.15\times10^{-5}T-0.607\times10^{-8}T^2+1.31\times10^{-12}T^3)$$

$$=32.5+3.71\times10^{-2}T-2.04\times10^{-5}T^2+4.55\times10^{-9}T^3\,(kJ/s\cdot{}^\circ C)$$

$$\Delta\dot{H}_1=\int_{50^\circ C}^{25^\circ C}(\sum_{inlet}\dot{n}_i\hat{C}_{p,i})\,dT$$

$$=\int_{50^\circ C}^{25^\circ C}(32.5+3.71\times10^{-2}T-2.04\times10^{-5}T^2+4.55\times10^{-9}T^3)\,dT$$

= -846.5 kJ/s

- $\Delta\dot{H}_2$ (25℃ → 200℃)

<기체성분들>

$$\sum_{outlet\,gases}\dot{n}_i\hat{C}_{p,i}=\frac{50\,mol}{s}\hat{C}_{p,\,n-C_4H_{10}}+\frac{475\,mol}{s}\hat{C}_{p,\,O_2}+\frac{200\,mol}{s}\hat{C}_{p,\,CO_2}$$

$$=\frac{50\,mol}{s}(92.3\times10^{-3}+27.9\times10^{-5}T-15.5\times10^{-8}T^2+35\times10^{-12}T^3)$$

$$+\frac{475\,mol}{s}(29.1\times10^{-3}+1.15\times10^{-5}T-0.607\times10^{-8}T^2+1.31\times10^{-12}T^3)$$

$$+\frac{200\,mol}{s}(36.1\times10^{-3}+4.23\times10^{-5}T-2.89\times10^{-8}T^2+7.46\times10^{-12}T^3)$$

$$=25.6+2.79\times10^{-2}T-1.64\times10^{-5}T^2+3.86\times10^{-9}T^3\,(kJ/s\cdot{}^\circ C)$$

$$\Delta \dot{H}_{2,\, outlet\, gases} = \int_{25℃}^{200℃} \left(\sum_{outlet\, gases} \dot{n}_i \hat{C}_{p,i} \right) dT$$

$$= \int_{25℃}^{200℃} (25.6 + 2.79 \times 10^{-2} T - 1.64 \times 10^{-5} T^2 + 3.86 \times 10^{-9} T^3) dT$$

$$= 4{,}987\ kJ/s$$

< H_2O >

$$\Delta \dot{H}_{2,\, H_2O} = \frac{250\, mol}{s} \left[\int_{25℃}^{100℃} \hat{C}_{p,\, H_2O(l)}\, dT + \Delta \hat{H}_{v,\, H_2O}(100℃) + \int_{100℃}^{200℃} \hat{C}_{p,\, H_2O(g)}\, dT \right]$$

$$= \frac{250\, mol}{s} \left[\int_{25℃}^{100℃} (75.4 \times 10^{-3}) dT + 41 \right.$$

$$\left. + \int_{100℃}^{200℃} (33.5 \times 10^{-3} + 0.688 \times 10^{-5} T + 0.76 \times 10^{-8} T^2 - 3.59 \times 10^{-12} T^3) dT \right]$$

$$= \frac{250\, mol}{s} (5.66 + 41 + 3.47)$$

$$= 12{,}532\, kJ/s$$

< $\Delta \dot{H}_2$ >

$$\Delta \dot{H}_2 = \Delta \dot{H}_{2,\, outlet\, gases} + \Delta \dot{H}_{2,\, H_2O}$$

$$= (4{,}987 + 12{,}532)\, kJ/s = 17{,}519\, kJ/s$$

• 전체 에너지 수지 계산

$$\dot{Q} = \Delta\dot{H} = \dot{H}_{outlet} - \dot{H}_{inlet}$$

$$= \Delta\dot{H}_1 + \dot{\xi}\,\Delta\hat{H}_r^\circ + \Delta\dot{H}_2$$

$$= -846.5 + 50(-2878.3) + 17{,}519$$

$$= -127{,}243\, kJ/s$$

2 반응식이 복잡하거나 반응식을 모를 경우

반응계 중 반응이 2종류 이상이어서 복잡하거나 반응식이 알려져 있지 않을 경우에는 표준반응열 ($\Delta\hat{H}_r^\circ$) 및 반응진행도 ($\dot{\xi}$)를 계산하기 어렵다. 이러한 경우 다음 그림과 같이 path (3)를 이용해서 공정의 엔탈피 변화 값 $\Delta\dot{H}$를 계산한다.

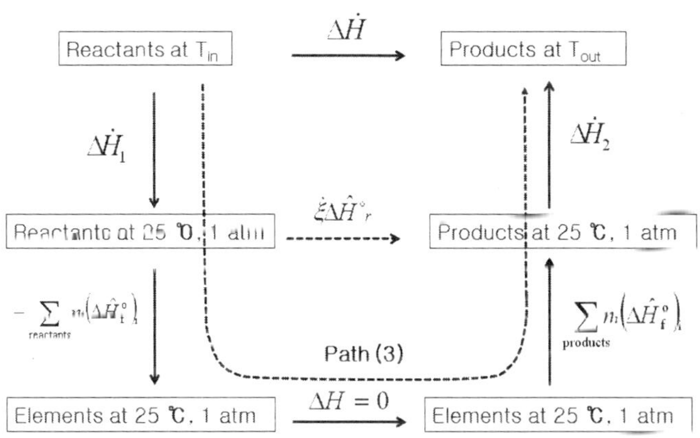

주

$$\Delta \dot{H} = \dot{H}_{outlet} - \dot{H}_{inlet} = \Delta \dot{H}_1 - \sum_{reactants} \dot{n}_i \Delta \widehat{H}^\circ_{f,i} + \sum_{products} \dot{n}_i \Delta \widehat{H^\circ_{f,i}} + \Delta \dot{H}_2$$

위 식에 다음 두 관계식을 대입하면

$$\Delta \dot{H}_1 = \int_{T_{inlet}}^{25℃} \left(\sum_{inlet} \dot{n}_i \widehat{C}_{p,i} \right) dT$$

$$\Delta \dot{H}_2 = \int_{25℃}^{T_{outlet}} \left(\sum_{outlet} \dot{n}_i \widehat{C}_{p,i} \right) dT$$

$$\Delta \dot{H} = -\int_{25℃}^{T_{inlet}} \sum_{reactants} \dot{n}_i \widehat{C}_{p,i}\, dT - \sum_{reactants} \dot{n}_i \Delta \widehat{H}^\circ_{f,i} + \sum_{products} \dot{n}_i \Delta \widehat{H}^\circ_{f,i} + \int_{25℃}^{T_{out}} \sum_{products} \dot{n}_i \widehat{C_{p,i}} dT$$

$$\Delta \dot{H} = - \sum_{reactants} \dot{n}_i \left[\int_{25℃}^{T_{inlet}} \widehat{C}_{p,i}\, dT + \Delta \widehat{H}^\circ_{f,i} \right] + \sum_{products} \dot{n}_i \left[\int_{25℃}^{T_{outlet}} \widehat{C}_{p,i}\, dT + \Delta \widehat{H}^\circ_{f,i} \right]$$

$$= - \sum_{reactants} \dot{n}_i \widehat{H}_i + \sum_{products} \dot{n}_i \widehat{H}_i$$

$$= - \dot{H}_{inlet} + \dot{H}_{outlet}$$

위 식에서

$$\widehat{H}_i = \Delta \widehat{H}^\circ_{f,i} + \int_{25℃}^{T} \widehat{C}_{p,i} dT$$

$$\dot{H}_{inlet} = \sum_{reactants} \dot{n}_i \widehat{H}_i$$

$$\dot{H}_{outlet} = \sum_{products} \dot{n}_i \widehat{H}_i$$

이 식은 매우 중요하다. 화합물질의 비엔탈피 ($\ddot{H}_i$)를 위 식과 같이 표준조건 (25℃, 1atm)에서 생성열 ($\Delta \hat{H}^\circ_{f,i}$)과 현열 (sensible heat)의 합으로 나타내면 모든 화합물질의 엔탈피 계산 기준물질은 표준조건에서 그 물질을 구성하는 원소들이 된다. 정상상태의 화학공정에서 출력물질과 입력물질을 구성하고 있는 화합물질의 원소들은 보존되므로 반응식이 알려져 있지 않더라도 출력과 입력흐름 사이의 엔탈피 변화 값을 구할 수 있다.

예제 15-8

Ethane (C_2H_6)을 공기로 연소시키는 반응에서 일산화탄소 (CO)를 생성하는 불완전 산화반응과 이산화탄소 (CO_2)를 생성하는 완전산화 반응이 동시에 일어난다. Ethane은 100% 산화하며, 도입기체혼합물의 조성 (mol%)은 5% C_2H_6, 20% O_2, 75% N_2이다. 또한 생성물질 중 이산화탄소와 일산화탄소의 mol는 4이다. 도입기체의 온도는 모두 50℃이며, 유출기체의 온도는 150℃일 때 반응기의 열전달 속도를 kW단위로 구하라. 도입기체의 흐름속도는 100 mol/s이다.

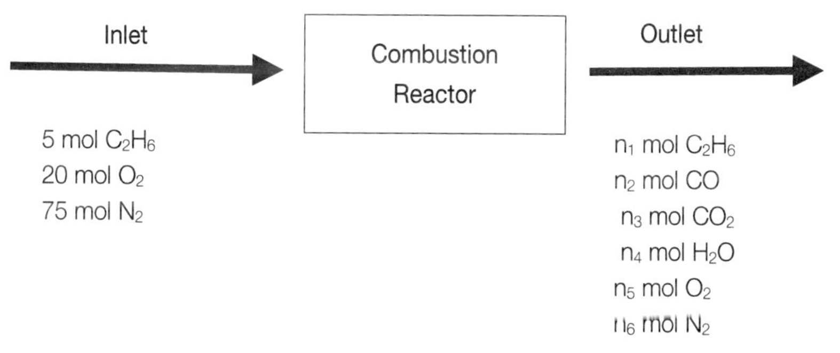

풀이

Basis : 100 mol Feed

Feed stream의 ethane이 100% 반응하므로 유출 흐름의 ethane의 양 n_1은 0 mol이다. 또한 생성물질 중 이산화탄소와 일산화탄소의 몰비는 4이므로 $n_3 = 4n_2$이다.

① 물질수지 계산 : 원자 수지식을 이용한 풀이 (예제 11-7 참고)

• 자유도 분석

총 미지수의 개수 = 6 : $n_1 \sim n_6$

방정식의 개수 = 6 : 4종류의 원자 (C, H, O, N)에 대한 물질수지식 + 조건에서 주어진 2개의 식 ($n_1 = 0$, $n_3 = 4n_2$)

자유도 = 미지변수의 개수 - 방정식의 개수 = 6 - 6 = 0

위의 6개 미지수로 이루어진 6개 방정식을 풀이한 결과는 다음표와 같다.

Component	유출속도 (n_i)	mol	mol%
C_2H_6	n_1	0	0
CO	n_2	2	1.93
CO_2	n_3	8	7.73
H_2O	n_4	15	14.50
O_2	n_5	3.5	3.38
N_2	n_6	75	72.46
Total	Σn_i	103.5	100

① 에너지 수지 계산 :

이 공정에서 화학반응식을 알 필요가 없다. 각 물질의 비엔탈피는 다음과 같이 각 물질의 표준생성열, 증발열, 열용량 데이터로부터 구한다.

Component	표준생성열 $\Delta \hat{H}^{\circ}_{f,i}$ (kJ/mol)	Heat Capacity Coefficients (kJ/mol-℃)			
		ax10^3	bx10^5	cx10^8	dx10^{12}
C_2H_6	-84.7	49.4	13.9	-5.82	7.28
CO	-110.5	29.0	0.411	0.355	-2.22
CO_2	-393.5	36.1	4.23	-2.89	7.46
H_2O (g)	-241.8	33.5	0.688	0.760	-3.59
O_2	0	29.1	1.15	-0.607	1.31
N_2	0	29.0	0.220	0.572	-2.87

$$\hat{C}_p = a + bT + cT^2 + dT^3$$

각 화합물의 엔탈피는 다음의 일반식으로부터 계산한다.

$$\hat{H}_i = \Delta \hat{H}^{\circ}_{f,i} + \int_{25℃}^{T℃} \hat{C}_{p,i} dT$$

Component	Inlet at 50℃		Outlet at 150℃	
	n_i (mol)	$\widehat{H}_i$	n_i (mol)	$\widehat{H}_i$
C_2H_6	5	$\widehat{H}_1$	0	
CO	0		2	$\widehat{H}_4$
CO_2	0		8	$\widehat{H}_5$
H_2O	0		15	$\widehat{H}_6$
O_2	20	$\widehat{H}_2$	3.5	$\widehat{H}_7$
N_2	75	$\widehat{H}_3$	75	$\widehat{H}_8$

- 도입기체의 엔탈피

$$\widehat{H}_1 = \Delta \widehat{H}^\circ_{f,C_2H_6} + \int_{25℃}^{50℃} \widehat{C}_{p,C_2H_6} dT$$

$$= -84.7 + \int_{25℃}^{50℃} (49.4\times10^{-3} + 13.9\times10^{-5}T - 5.82\times10^{-8}T^2 + 7.28\times10^{-12}T^3)dT$$

= - 83.3 kJ/mol

$$\widehat{H}_2 = \Delta \widehat{H}^\circ_{f,O_2} + \int_{25℃}^{50℃} \widehat{C}_{p,O_2} dT$$

$$= 0 + \int_{25℃}^{50℃} (29.1\times10^{-3} + 1.15\times10^{-5}T - 0.607\times10^{-8}T^2 + 1.31\times10^{-12}T^3)dT$$

= 0.738 kJ/mol

$$\widehat{H}_3 = \Delta \widehat{H}^\circ_{f,N_2} + \int_{25℃}^{50℃} \widehat{C}_{p,N_2} dT$$

$$= 0 + \int_{25℃}^{50℃} (29.0\times10^{-3} + 0.22\times10^{-5}T + 0.572\times10^{-8}T^2 - 2.87\times10^{-12}T^3)dT$$

= 0.727 kJ/mol

- 유출기체의 엔탈피

$$\hat{H}_4 = \Delta \hat{H}^{\circ}_{f,CO} + \int_{25℃}^{150℃} \hat{C}_{p,CO} dT$$

$$= -110.5 + \int_{25℃}^{150℃} (29.0\times 10^{-3} + 0.411\times 10^{-5}T + 0.355\times 10^{-8}T^2 - 2.22\times 10^{-12}T^3)dT$$

= -106.8 kJ/mol

$$\hat{H}_5 = \Delta \hat{H}^{\circ}_{f,CO_2} + \int_{25℃}^{150℃} \hat{C}_{p,CO_2} dT$$

$$= -393.5 + \int_{25℃}^{150℃} (36.1\times 10^{-3} + 4.23\times 10^{-5}T - 2.89\times 10^{-8}T^2 + 7.46\times 10^{-12}T^3)dT$$

= -388.6 kJ/mol

$$\hat{H}_6 = \Delta \hat{H}^{\circ}_{f,H_2O(g)} + \int_{25℃}^{150℃} \hat{C}_{p,H_2O(g)} dT$$

$$= -241.8 + \int_{25℃}^{150℃} (33.5\times 10^{-3} + 0.688\times 10^{-5}T + 0.76\times 10^{-8}T^2 - 3.59\times 10^{-12}T^3)dT$$

= -237.5 kJ/mol

$$\hat{H}_7 = \Delta \hat{H}^{\circ}_{f,O_2} + \int_{25℃}^{150℃} \hat{C}_{p,O_2} dT$$

$$= 0 + \int_{25℃}^{150℃} (29.1\times 10^{-3} + 1.15\times 10^{-5}T - 0.607\times 10^{-8}T^2 + 1.31\times 10^{-12}T^3)dT$$

= 3.76 kJ/mol

$$\widehat{H}_8 = \Delta\widehat{H}^{\circ}_{f,N_2} + \int_{25℃}^{150℃} \widehat{C}_{p,N_2} dT$$

$$= 0 + \int_{25℃}^{150℃} (29.0\times10^{-3} + 0.22\times10^{-5}T + 0.572\times10^{-8}T^2 - 2.87\times10^{-12}T^3)dT$$

= 3.66 kJ/mol

각 물질의 엔탈피 값들은 대입하면,

Component	Inlet			Outlet		
	n_i (mol)	$\widehat{H}_i$	$n_i\widehat{H}_i$	n_i (mol)	$\widehat{H}_i$	$n_i\widehat{H}_i$
C_2H_6	5	-83.3	-416.5	0		
CO	0			2	-106.8	-213.6
CO_2	0			8	-388.6	-3,109
H_2O	0			15	-237.5	-3,563
O_2	20	0.738	14.76	3.5	3.76	13.16
N_2	75	0.727	54.53	75	3.66	274.5
Total	$\dot{H}_{inlet}=$ -347.2			$\dot{H}_{outlet}=$ -6,598		

- 총 에너지수지 계산

$$\Delta\dot{H} = \dot{Q} = \dot{H}_{outlet} - \dot{H}_{inlet} = -6,598 - (-347.2) \approx -6,251\, kJ/s$$

15.6 수용액에서 산-알칼리 반응에 대한 에너지 계산

지금까지는 입력 또는 출력물질이 여러 종류의 물질이 혼합되어 있는 혼합물질이더라도 이상용액으로 가정하였다. 즉 혼합엔탈피 ($\Delta\widehat{H}_{mixing}$) 또는 용액열 ($\Delta\widehat{H}_s(T,n)$)은 0이라고 가정하였다. 특히 기체혼합물의 경우 용액열은 무시해도 된다. 그러나 수용액에 용해되어 있는 산과 알칼리성 물질 사이의 반응열을 구하기 위해서는 용액열 $(\Delta\hat{H}_s(T,n))$이 0이 아니므로 이 값을 추가로 고려해 주어야 한다.

1 수용액 중 산과 알칼리물질의 표준용액생성열 $((\Delta\hat{H}_f^\circ)_{solution})$

용액열 $\Delta\hat{H}_s(T,n)$은 산과 알칼리성 물질의 농도에 따라서 달라진다. 따라서 수용액에 용해되어 있는 산 또는 알칼리성 물질의 엔탈피를 비교하기 위해서 공통으로 사용할 수 있는 기준물질로 산 또는 알칼리 물질을 구성하는 원소와 물을 사용한다. 즉 1 mol의 산 또는 알칼리성 물질이 n mol의 물과 혼합되어 있을 경우 기준물질은 1 mol의 산 또는 알칼리성 물질을 구성하는 원소들과 n mol의 물 분자이다. 표준용액생성열 $((\Delta\hat{H}_f^\circ)_{solution})$은 25℃, 1 atm에서 수용액과 기준물질들 사이의 엔탈피 차이이다. 따라서 다음그림 및 식과 같이 표준용액생성열 $((\Delta\hat{H}_f^\circ)_{solution})$은 산 또는 알칼리 용질의 표준생성열 $((\Delta\hat{H}_f^\circ)_{solute})$과 용질과 용매의 혼합에 따른 표준용액열 $(\Delta\hat{H}_s^\circ(n))$의 합이다. 이때 엔탈피의 기준물질은 용질을 구성하는 원소들과 n mol의 용매이다. 기준점에서 용매는 용질과 섞이지 않은 순수한 용매이다.

$$(\Delta\hat{H}_f^\circ)_{solution} = (\Delta\hat{H}_f^\circ)_{solute} + \Delta\hat{H}_s^\circ(n)$$

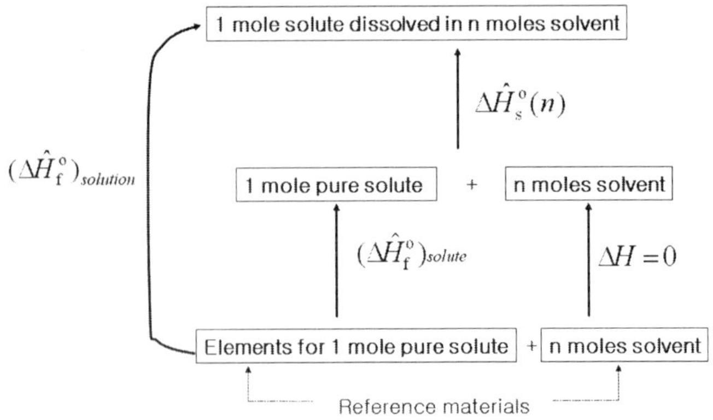

Fig. 15-2 Enthalpy diagram to represent the heat of formation of solution as the sum of the heat of formation of solute and the heat of solution.

따라서 $(\Delta\hat{H}_f)_{solution}$은 1 mol의 용질과 혼합되는 용매의 mol수 n에 따라서 다른 값을 가지며 단위는 kJ/mol solute이다.

예제 15-9

10 wt% H_2SO_4 용액의 표준 용액생성열 $(\Delta\hat{H}_f^\circ)_{solution}$의 계산.

풀 이

Basis : 10 wt% H_2SO_4 용액 1,000 g

Component	molecular weight	mass (g)	mol	ratio
H_2SO_4	98	100	1.02	1
H_2O	18	900	50	49

n = 50.0/1.02 = 49 mol H_2O/mol H_2SOS

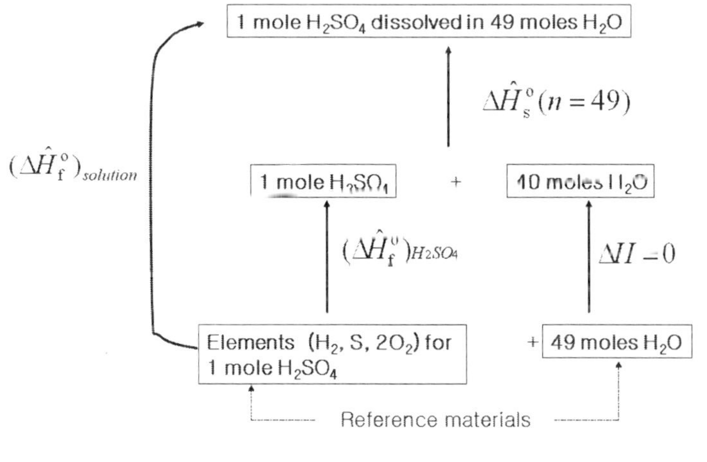

$$(\Delta \hat{H}_f^\circ)_{solution} = (\Delta \hat{H}_f^\circ)_{H_2SO_4} + \Delta \hat{H}_s^\circ\ (n = 49)$$

$$= -811.3 - 73.3 = -884.6 \text{ kJ/mol } H_2SO_4$$

예제 15-10

20wt% NaOH 용액의 표준 용액생성열 $(\Delta \hat{H}_f)_{solution}$의 계산.

풀 이

Basis : 20 wt% NaOH 용액 1,000 g

Component	molecular weight	mass (g)	mol	ratio
NaOH	40	200	200/4 = 5	1
H_2O	18	800	800/18 = 44.4	44.4/5=8.9

n = 44.4/5 = 8.9 mol H_2O/mol NaOH

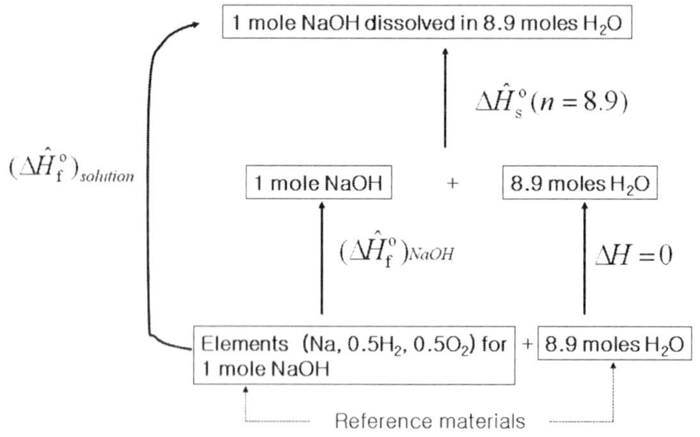

$$(\Delta \hat{H}_f^\circ)_{solution} = (\Delta \hat{H}_f^\circ)_{NaOH} + \Delta \hat{H}_s^\circ \ (n = 8.9)$$

$$= -426.6 - 41.5 = -468.1 \text{ kJ/mol NaOH}$$

2 산-알칼리 사이의 수용액 반응 (Titration)에 대한 에너지 수지

수용액에서 강산 수용액과 강알칼리 수용액 사이의 반응이 일어나는 공정의 경우 에너지 수지식의 계산방법은 다음의 예를 통해서 설명한다.

예제 15-11

질량%가 10%인 황산용액 (H_2SO_4) 1 kg/min 이 질량%가 10%인 NaOH 수용액으로 중화되어 sodium sulfate가 생성된다. 공정의 모든 물질의 온도가 40℃일 때 공정에 전달되어야 되는 열에너지 흐름량을 구하라. 모든 수용액의 열용량은 물의 열용량 ($\hat{C}_p = 4.2\, J/(g \cdot K)$)과 같다고 가정한다.

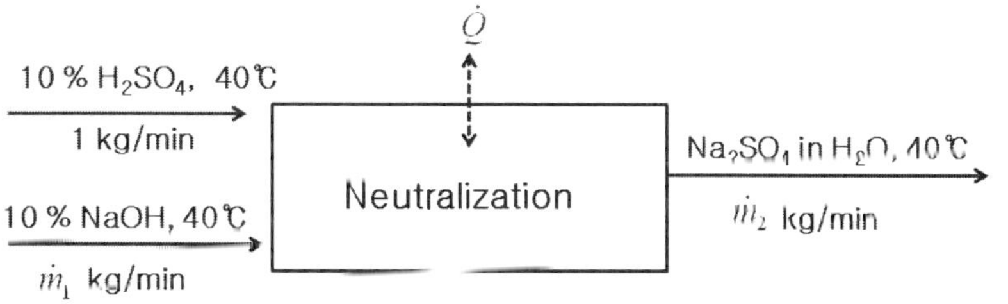

중화반응 :

$$H_2SO_4 \text{ (aq, 10\%)} + 2\text{ NaOH (aq, 10\%)} \rightarrow Na_2SO_4 \text{ (aq)} + 2H_2O \text{ (l)}$$

풀 이

(1) 물질수지

계산 Basis: 1 kg H_2SO_4 (10%)/min

① H_2SO_4 (10%) 용액

Component	MW	g/min	mol/min
H_2SO_4	98	100	100/98 = 1.02
H_2O	18	900	900/18 = 50

$$n = 50/1.02 = 49 \text{ mol } H_2O/\text{mol } H_2SO_4$$

② NaOH (10%) 용액

반응식에 의하면 1.02 mol의 H_2SO_4에 대해서 2.04 mol의 NaOH가 필요하므로 다음과 같은 결과가 얻어진다.

Component	MW	g/min	mol/min
NaOH	39	2.04x39 = 79.56	1.02x2 = 2.04
H_2O	18	79.56x90/10 = 716.04	716.04/18 = 39.78

$$n = 39.78/2.04 = 19.5 \text{ mol } H_2O/\text{mol NaOH}$$

따라서 NaOH (10%) 용액의 질량흐름속도는

$$\dot{m}_1 = 79.56 + 716.04 = 795.6\, g/\min$$

공정에 입력되는 총 흐름속도는 1,795.6 g/min이다.

③ Na_2SO_4 용액

반응식에 의하면 1.02 mol의 H_2SO_4에 대해서 1.02 mol의 Na_2SO_4가 생성된다. H_2O의 경우 산 수용액과 알칼리 수용액을 통해서 공정에 입력된 양과 반응에 의해서 생성된 2.04 mol/min가 공정출력흐름에 존재한다. 따라서 공정출력흐름은 다음과 같은 성분을 가진다.

Component	MW	g/min	mol/min
Na_2SO_4	140	1.02x140 =142.8	1.02
H2O	18	91.82x18 = 1652.76	50+39.78+2.04 = 91.82

따라서 공정으로부터 출력되는 Na_2SO_4 용액의 흐름속도는

$$\dot{m}_2 = 142.8 + 1652.76 = 1,795.56\,g/\text{min} \approx 1,795.6\,g/\text{min}$$

공정에 입력되는 모든 물질의 총 흐름속도와 출력되는 모든 물질의 총 흐름속도는 동일하므로 물질수지식이 올바로 계산되었다는 것을 알 수 있다.

(1) 에너지수지

입력물질과 출력물질의 온도가 표준온도 25℃가 아니므로 각 물질의 현열 (sensible heat)과 표준 용액생성열 $(\Delta\hat{H}_f)_{solution}$을 고려해야 한다.

적정공정의 에너지 수지를 계산하기 위한 도표는 다음과 같다.

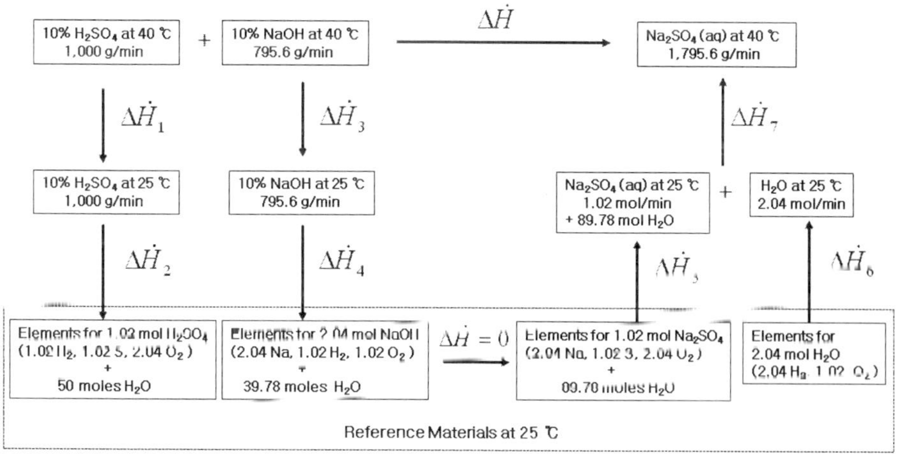

① 표준 용액생성열 $(\Delta\hat{H}_f)_{solution}$ 계산

물질	표준생성열 $\Delta\hat{H}_f^\circ$	표준용액열 $\Delta\hat{H}_s^\circ(n)$	표준 용액생성열 $(\Delta\hat{H}_f^\circ)_{solution}$
H_2SO_4	-811.3	$\Delta\hat{H}_s^\circ(n=49)$ =-73.3	-884.6
NaOH	-426.6	$\Delta\hat{H}_s^\circ(n=19.5)$ =-41.5	-468.1
Na_2SO_4	-1,384.5	-	
H_2O (l)	-285.8	-	

비엔탈피의 단위 : (kJ/mol)

강산과 강알칼리의 적정반응에 의해서 생성된 염 Na2SO4의 경우 표준용액열, $\Delta\hat{H}_s^\circ(n)$은 0라고 가정한다.

② 용액엔탈피 값 계산

위 도표의 각 단계에서의 엔탈피 변화 값은 다음 표와 같이 계산한다.

	설명		kJ/min
$\Delta\dot{H}_1$	H_2SO_4 (10%) 용액의 냉각열	$\dot{m}\hat{C}_p\Delta T$=1,000 g/minx4.2x(25-40)/1,000	-63
$\Delta\dot{H}_2$	H_2SO_4 (10%)용액의 표준용액생성열	$-\dot{n}_{H_2SO_4}(\Delta\hat{H}_f^\circ)_{solution}$= -1.02x(-884.6)	902.3
$\Delta\dot{H}_3$	NaOH (10%) 용액의 냉각열	$\dot{m}\hat{C}_p\Delta T$=795.6 g/minx4.2x(25-40)/1,000	-50.1
$\Delta\dot{H}_4$	NaOH (10%)용액의 표준용액생성열	$-\dot{n}_{NaOH}(\Delta\hat{H}_f^\circ)_{solution}$= -2.04x(-468.1)	954.9
$\Delta\dot{H}_5$	Na_2SO_4의 표준생성열	$\dot{n}_{Na_2SO_4}\Delta\hat{H}_f^\circ$ =1.02x(-1384.5)	-1,412.2
$\Delta\dot{H}_6$	H_2O (l)의 표준생성열	$\dot{n}_{H_2O}\Delta\hat{H}_f^\circ$ =2.04x(-285.8)	-583.0
$\Delta\dot{H}_7$	Na_2SO_4수용액의 가열	$\dot{m}\hat{C}_p\Delta T$=1,795.6x4.2x(40-25)/1,000	113.1
$\Delta\dot{H}$	전체공정의 엔탈피변화	$\Delta\dot{H}=\sum_i\Delta\dot{H}_i$	-138

③ 계산결과

에너지 수지식 $\Delta\dot{H}=\dot{Q}$에서 이 중화공정은 -138 kJ/min의 열 교환 (냉각)이 필요하다.

15.7 에너지 계산 요약

반응이 일어나는 공정의 입·출력 물질의 엔탈피는 다음과 같이 계산한다.

① 순수 물질 및 기체혼합물 또는 이상용액의 성분물질 :

이들 물질의 온도가 T℃일 때 비엔탈피는 다음 식과 같이 25℃에서의 표준생성열, 증발열, 현열 (sensible heat)의 합으로 계산한다. 기체혼합물 및 이상용액의 경우 표준용액열은 0이므로 고려하지 않는다.

엔탈피 계산의 기준물질은 25℃에서 각 물질을 구성하는 원소들이다.

$$\hat{H}_i = \Delta\hat{H}^{\circ}_{f,i} + \int_{25℃}^{T_b} \hat{C}_{p,i}(l)dT + \Delta\hat{H}_{vap,i}(T_b) + \int_{T_b}^{T} \hat{C}_{p,i}(g)dT$$

② 산소분자, 수소분자와 같이 단원자 분자인 원소의 표준생성열은 0이다. 이들 기체원소들의 비엔탈피는 다음 식으로 계산한다.

$$\hat{H}_i = \int_{25℃}^{T} \hat{C}_{p,i}(g)dT$$

③ 강산 수용액 및 강알칼리 수용액과 같은 비이상용액:

$$(\Delta\hat{H}^{\circ}_f)_{solution} = (\Delta\hat{H}^{\circ}_f)_{solute} + \Delta\hat{H}^{\circ}_s(n)$$

$$\Delta\hat{H}_{solution}(T) = (\Delta\hat{H}^{\circ}_f)_{solution} + \int_{25℃}^{T℃} (\hat{C}_{p,\,solute} + n\hat{C}_{p,\,solvent})dT$$

강산 수용액 및 강알칼리 수용액의 엔탈피 계산 기준물질은 25℃에서 1 mol의 용질을 구성하는 원소들과 1 mol의 용질과 혼합되는 n mol의 물 분자다. 따라서 위의 식에서 용액의 열용량은 1 mol의 용질과 n mol의 용매의 열용량의 합이다.

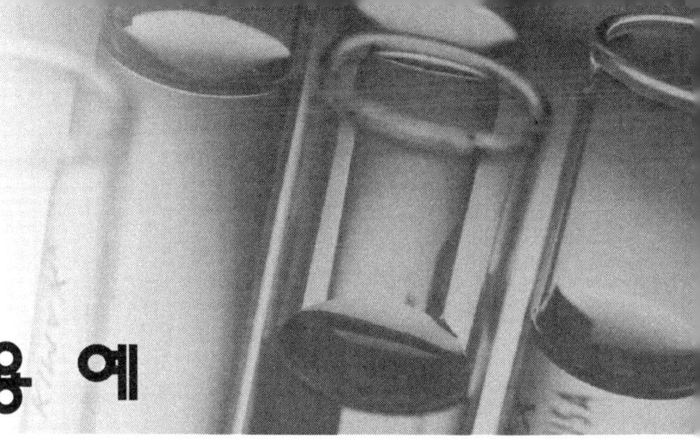

16장 에너지계산 응용 예

16.1 단열반응기

연소반응기를 설계할 경우 반응기가 도달할 수 있는 최고온도를 계산할 필요가 있다. 연소반응기의 최고온도는 단열된 반응기의 경우에 대해서 에너지 식을 적용하면 계산 할 수 있다.

예제 16-1

암모니아가 단열된 반응기에서 공기에 의해서 연소된다

$$2\ NH_3 + 1.5\ O_2 \rightarrow N_2 + 3\ H_2O$$

과잉율 100% 인 공기가 유입되고 유입되는 기체의 온도는 25℃ 일 때 유출되는 기체의 단열연소온도 (T_{ad}) 값을 구하라.

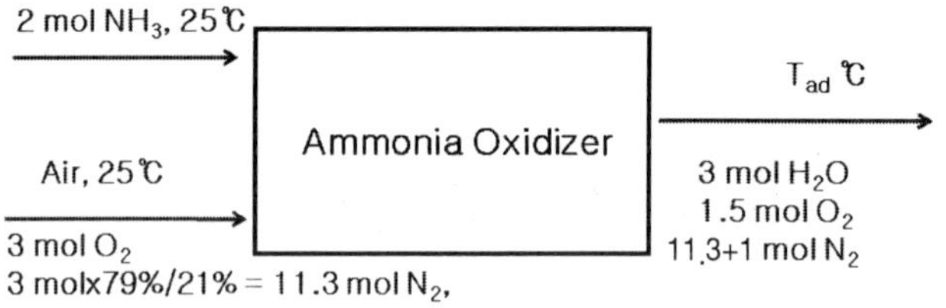

풀 이

계산 기준 : 2 mol NH_3

암모니아가 완전히 산화될 경우 물질수지식을 이용해서 공정에 공급되는 기체와 유출되는 기체의 mol수를 계산하면 위의 그림과 같다. 각 기체의 열용량은 다음식과 같은 온도의 함수형태로 나타낸다.

$$\hat{C}_p\left(\frac{kJ}{mol \cdot ℃}\right) = a + bT(℃) + cT(℃)^2 + dT(℃)^3$$

단열연소온도를 예측하기위해서 필요한 각물질의 생성열과 열용량 함수의 계수 값은 다음 표와 같다.

Component	$\Delta\widehat{H}_f^o$	Coefficients for Cp			
	(kJ/mol)	ax10^3	bx10^5	cx10^8	dx10^{12}
NH_3	-46.2	35.2	2.95	0.442	-6.69
N_2	0	29.0	0.220	0.572	-2.87
O_2	0	29.1	1.16	-0.608	1.31
H_2O (g)	-241.8	33.5	0.688	0.760	-3.60

• 표준반응열

$$\Delta\widehat{H}_r^o = \sum_i \nu_i \Delta\widehat{H}_{f,i}^o = 3(-241.8) - 2(-46.2) = -633 \text{ kJ/mol}$$

• 반응진행도

$$\xi = \frac{\Delta n_i}{\nu_i} = \frac{-2\,mol}{-2} = 1\,mol$$

• 총 에너지수지

$$\Delta \dot{H} = \dot{Q} = 0$$

$$\Delta \dot{H} = 0 = \xi \Delta \hat{H}_r^o + \int_{25℃}^{T_{ad}} \sum_i n_i \hat{C}_{p,i} dT$$

$$= -646 + 0.501\,T_{ad} + 3.25\times10^{-5}\,T_{ad}^2 + 2.80\times10^{-8}\,T_{ad}^3 - 11.0\times10^{-12}\,T_{ad}{}^4$$

Tad =1,000℃ 라고 가정하면 위식의 우변값 = -95.4

Tad =1,500℃ 라고 가정하면 위식의 좌변값 = 273

따라서 단열연소온도 (T_{ad})는 1,000℃ 와 15,00℃ 사이 값이다. 위 두 데이터에 대해서 내삽법을 적용하여 단열연소온도 (T_{ad})를 구한다.

$$T_{ad} = 1{,}000℃ + \frac{1{,}500 - 1{,}000}{273 - (-95.4)}[0 - (-95.4)] \approx 1{,}130℃$$

16.2 수소연료전지

연료전지는 화합물이 가지고 있는 화학에너지를 열에너지 ($\dot{Q}$)로 변환하는 대신 전기에너지 ($\dot{W}_s$)로 변환하는 에너지 전환 장치이다. 대표적인 연료전지로는 수소연료전지가 있으며 간단한 구조는 다음과 같다.

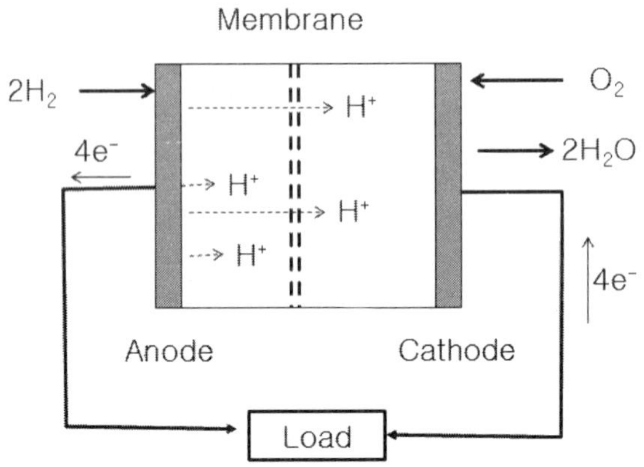

[Fig. 16-1] Simple structure of hydrogen fuel cell.

수소연료전지의 음극 (anode)에서는 연료로 사용되는 수소가 산화되어 전자와 수소이온을 발생시킨다. 수소이온은 음극과 양극을 분리하고 있는 선택성 막을 통과해서 양극으로 이동하며 전자는 외부회로를 통해서 양극으로 이동한다. 양극 (cathode)에서는 수소이온과 전자에 의해서 산소가 환원되어 물을 생성한다. 각 극에서의 반쪽반응 및 전체반응은 다음과 같다.

음극 (Anode)반응 : $2H_2 \rightarrow 4H^+ + 4e^-$

양극 (Cathode)반응 : $O_2 + 4H^+ + 4e^- \rightarrow 2H_2O$

전체반응 : $2H_2 + O_2 \rightarrow 2H_2O$

연료로 수소를 사용하고 공기를 통해서 산소를 공급하는 연료전지에 대한 에너지 수지식은 다음의 예와 같이 풀이할 수 있다.

예제 16-2

수소연료전지가 100℃에서 운전된다. 연료인 수소와 공기는 25℃에서 공급된다. 수소연료전지로부터는 100℃의 반응생성물질이 나오며 수소는 100% 수증기로 전환된다. 수소의 공급 속도가 1

mol/s이고 화학반응식에서 수소의 완전연소에 필요한 양의 산소가 공급될 때 이 수소연료전지로부터 얻을 수 있는 전기에너지의 생성속도를 계산하라. 단 연료전지는 단열이라고 가정한다.

Component	표준생성열 $\Delta\hat{H}^{\circ}_{f,i}$ (kJ/mol)	Heat Capacity Coefficients (kJ/mol-℃)			
		ax10^3	bx10^5	cx10^8	dx10^{12}
H_2O (g)	-241.8	33.5	0.688	0.760	-3.59
O_2	0	29.1	1.15	-0.607	1.31
N_2	0	29.0	0.220	0.572	-2.87

$$\hat{C}_p = a + bT + cT^2 + dT^3$$

풀 이

수소연료전지 공정을 다음과 같이 단순하게 나타낸다.

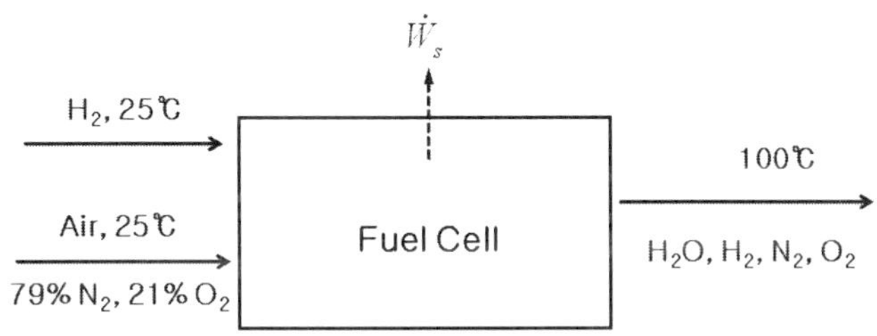

전체반응식 : $2H_2 + O_2 \rightarrow 2H_2O$ (g)

① 물질수지

수소의 공급 속도가 1 mol/s이고 완전 연소될 경우 위의 전체반응식에 따라서 입출력 흐름의 물질은 다음 표와 같이 계산된다.

Component	Input rate (mol/s)	Output rate (mol/s)
H_2	1	0
O_2	0.5	0
N_2	0.5x79%/21% = 1.88	1.88
H_2O (g)	0	1

② 에너지수지

화학공정에 적용되는 일반적인 에너지 수지식은 다음과 같다.

$$\Delta\dot{H} = \dot{H}_{outlet} - \dot{H}_{inlet} = \dot{Q} + \dot{W}_s$$

단열공정에서 $\dot{Q} = 0$ 이므로

$$\Delta\dot{H} = \dot{H}_{outlet} - \dot{H}_{inlet} = \dot{W}_s$$

• 표준반응열

이 반응의 표준반응열은 각 물질의 표준생성열로부터 구한다. 이 때 수소분자 및 산소분지는 원소이므로 표준생성열은 0이다. 따라서

$$\begin{aligned}\Delta\widehat{H}_r^\circ &= \sum_i \nu_i \Delta\widehat{H}_{f,i}^\circ \\ &= 2\Delta\widehat{H}_{f,H_2O(g)}^\circ - 2\Delta\widehat{H}_{f,H_2}^\circ - \Delta\widehat{H}_{f,O_2}^\circ \\ &= 2(-241.8) - 2(0) - 0 \\ &= -483.6\ kJ/mol\end{aligned}$$

• 반응진행도 ($\dot{\xi}$) 계산

수소분자의 반응을 기준으로 반응진행도를 계산하면 다음과 같다.

$$\dot{\xi} = \frac{\Delta n_i}{\nu_i} = \frac{-1 mole/s}{-2} = 0.5\ mol/s$$

• 생성물질의 현열 (sensible heat)

입력물질 (H_2, O_2, N_2)의 온도는 표준온도인 25℃이므로 현열 (sensible heat)을 고려해주지 않아도 된다. 그러나 출력물질 (N_2, H_2O (g))의 온도는 100℃이므로 현열 (sensible heat)을 다음과 같이 계산한다.

$$\Delta \dot{H}_s = \sum_{products} \dot{n}_i \hat{C}_{p,i} \Delta T$$

$$= \dot{n}_{N_2} \int_{25℃}^{100℃} \hat{C}_{p,N_2} dT + \dot{n}_{H_2O(g)} \int_{25℃}^{100℃} \hat{C}_{p,H_2O(g)} dT$$

$$= \frac{1.88\,mol}{s} \int_{25℃}^{100℃} (29.0 \times 10^{-3} + 0.22 \times 10^{-5} T + 0.572 \times 10^{-8} T^2 - 2.87 \times 10^{-12} T^3) dT$$

$$+ \frac{1\,mol}{s} \int_{25℃}^{100℃} (33.5 \times 10^{-3} + 0.688 \times 10^{-5} T + 0.76 \times 10^{-8} T^2 - 3.59 \times 10^{-12} T^3) dT$$

$$= 6.66\,kJ/s$$

• 전기에너지 생산속도 계산

위의 에너지 값들을 이용해서 출력흐름과 입력흐름 사이의 엔탈피 변화 ($\Delta \dot{H}$)를 계산한다.

$$\Delta \dot{H} = \dot{H}_{outlet} - \dot{H}_{inlet}$$

$$= \dot{\xi} \Delta \hat{H}_r^\circ + \Delta \dot{H}_s$$

$$= \frac{0.5\,mol}{s} \cdot \frac{-483.6\,kJ}{mol} + \frac{6.66\,kJ}{s}$$

$$\approx -235\,kJ/s$$

$$= \dot{W}_s$$

따라서 이 단열 연료전지의 이론적인 전기에너지 생산량은 235 kW이다.